일상이 심플해지고 · 마음이 가벼워지는

미니멀라이프 아이디어 55

심플하고 상쾌한 매일을 위한
생활 아이디어

남편의 전근이 잦아 지금까지 해외 이사를 포함해서 5번이나 이사를 했습니다.

그렇다고 단출하게 살았느냐하면 사실은 정반대.

많은 물건을 끌어안고 짐싸기와 짐풀기에 치여 쫓기듯이 살았습니다.

그런데 참 이상하지요. 그런 제가 이사한 곳에서

신기할 정도로 자신다운 심플함으로 삶을 즐기는 분들을 만났어요.

특히 하와이와 캘리포니아에서 만난 분들은

어깨에 힘을 빼고 언제나 유연하고 자연스럽게

자기만의 속도로 무리하지 않는 생활을 즐기고 있었습니다.

그들의 생활을 가까이에서 보면서

필요 이상의 물건에 휘둘리고 있는 제 삶을 돌아보게 되었어요.

그리고 저희 집에서 할 수 있는 것을 조금씩 시도해보았어요.

나 혼자가 아닌 가족과 함께 살면서 심플한 생활을 지속해나가려면
물건을 찾기 쉽게 정돈하기 위한, 수많은 고민과 발상의 전환이 필요하다는 것도 알게
되었습니다. 그렇게 시행착오를 거쳐 우리 집은 조금씩 산뜻하고 편안한 곳으로 변화
해갔습니다.

제가 일상에서 실천하고 있는 작은 마음가짐과 습관을 나누고 싶어서 이 책을 썼습니다.
또 심플한 삶을 즐기는 분들을 만나며 배운 생활의 아이디어를 모아서 소개하고 싶었
습니다.

오늘 하루가 모여 우리 인생이 만들어집니다.
그래서 매일의 생활을 상쾌하고 심플하게 그리고 소중하게 보내고 싶습니다.
여기서 소개하는 작은 아이디어가
여러분의 생활에 조금이라도 도움이 되기를 바랍니다.

목차

11

정리가
즐거워지는
아이디어

1

반듯하게 갤 필요가 없는 수납을 한다

매일 하는 '세탁 → 개기 → 넣기'라는 일련의 작업. 제가 처음 미니멀라이프를 시작했던 시절, 잡지에서 반듯하게 갠 옷을 빈틈없이 착착 세워 아름답게 수납한 집을 보고 한번 시도해보았어요. 작은 공간에 많은 옷을 수납할 수 있어 만족했지만 며칠 뒤, 저는 풀어헤쳐진 채 쌓여있는 '옷의 산' 앞에서 망연자실하게 되었습니다. 유지하기엔 난이도가 너무 높았던 것이지요.

'넣는데 시간이 걸리지 않을 것'은 5인 가족인 우리 집에서는 필수사항. 정해진 공간에 많은 옷을 넣는 이 방법은 시간도 많이 걸리고 계속 유지하기도 어려웠어요. 어떻게 하면 좋을까? 그 해결책은 '옷의 가짓수를 줄인다'였습니다.

옷은 넣기 쉽도록 최소한의 개수로 줄일 것. 그리고 그 이상 늘어나지 않도록 늘 신경을 쓸 것. 새로운 옷을 하나 사면 옷장을 쭉 살펴보고, 있는 것 중에서 하나는 처분합니다. 옷의 가짓수를 줄이면서 수납이 눈에 띄게 편해졌습니다. 그리고 '오늘 바로 입고 싶은가'를 기준으로 고른 옷들로만 옷장을 채웠으니 어떤 것을 입어야할지 망설일 필요도 없습니다.

제 옷장 속에는 6칸의 나무 선반이 설치되어 있습니다. 처음에는 칸마다 수납박스를 두고 서랍처럼 사용하면서 그 안에 옷을 넣어두었습니다. 하지만 옷의 개수가 줄어든 덕분에 옷을 박스에 넣을 필요없이 '선 채로 적당히 갠 다음 그대로 툭 선반 위에 올려놓는' 수납이 가능해졌습니다. '서랍을 연다'는 하나의 수고가 줄어든것이 얼마나 가뿐하고 편한지 모릅니다.

덧붙여 선반 한 칸 당 옷은 4개까지만 놓아둡니다. 또 '포개놓는 것은 2개까지'라고 정한 덕분에 넣고 꺼내기가 아주 수월하지요. 옷은 서랍보다 선반에 놓는 것이 더 편해요. 그리고 모든 옷이 한눈에 들어오면 아침에 옷을 고르는 시간이 짧아져요. 옷걸이에는 셔츠, 치마, 원피스 그리고 겉옷 종류인 코트나 파카 등을 걸어둡니다. 옷걸이는 심플한 것(제 경우는 무인양품의 옷걸이)으로 통일하면 높이가 가지런해서 훨씬 더 깔끔하게 보입니다.

옷을 넣고 꺼내기 쉽도록 선반 간격
을 조절했습니다. 위에서부터 상의,
하의. 속옷과 양말류는 상자에 담아
맨 아래에 두었습니다.

2

나에게 최적인 옷의
가짓수를 안다

필요한 옷의 가짓수는 사람마다 다르지요. 생활스타일에 따라서도 차이가 있을 거예요. 저는 기본적으로 봄, 여름, 가을엔 상의(겉옷이나 조끼도 포함)는 9개, 하의는 6개. 그리고 겨울 상의는 6개, 하의는 4개, 원피스 1개, 모두 합쳐서 26개입니다. 한 계절당, '상의 3~4개', '하의 2~3개'라는 계산입니다.

전에는 겉옷이 많을수록 좋다고 생각했습니다. 그래서 옷장 속에 입지도 않는 카디건이나 파카가 여러 개 걸려있었습니다. 하지만 결국 손이 가는 옷은 늘 같은 것이더라고요. 옷을 줄이는 과정에서 겉옷은 카디건 하나와 파카 하나면 충분하다는 것을 알게 되었습니다.

또 저희 집은 아직 아이들이 어리기 때문에 스스로가 '움직이기 편한 것이 최고!'라고 생각하고 있어요.

그래서 스커트 수는 줄이고 바지의 비율을 높였습니다. 특별한 이유 없이 여러 개 가지고 있던 반소매 티셔츠도 정리. 여름철에도 의외로 긴팔 셔츠를 입을 일이 많더군요. 그래서 긴소매 옷으로 사계절을 돌려 입습니다. 밖에 나갈 때는 소매를 걷어서 러프하게 입고 (손목이 보여야 날씬해보인답니다), 실내에서는 소매를 내리면 여름철 냉방 대책도 완벽합니다. 또 햇빛이 강할 때는 긴소매로 자외선을 차단할 수 있습니다.

옷을 고르는 조건은 우선 심플하면서 가능한 일 년 내내 입을 수 있을 것. 겨울에는 유니클로 히트텍을 속에 입기 때문에 기본적으로 두꺼운 옷은 필요하지 않습니다. 코트도 라이너를 탈부착할 수 있어 한 벌로 한겨울에서 초봄까지 입을 수 있습니다.

내가 가지고 있는 옷들

봄 · 여름 · 가을

상 의

컷앤소운은 MHL과
무인양품에서 구입.
여기저기 코디가 쉬운
체크 셔츠는 면 100%.
줄무늬 셔츠는 면마 소재.

줄무늬 티셔츠

화이트 셔츠

티셔츠

줄무늬 컷앤소운

스트라이프 셔츠

티셔츠

줄무늬 컷앤소운

깅엄체크 셔츠

카디건

무인양품에서 구입한 니트 카디건.
청바지와 티셔츠 위에 쓱 걸쳐만 주면 지나치게 캐주얼하게 보이지 않아 자주 입습니다.
주름에 신경 쓸 필요 없고 들고 다니기 편한 점도 OK.

화이트팬츠

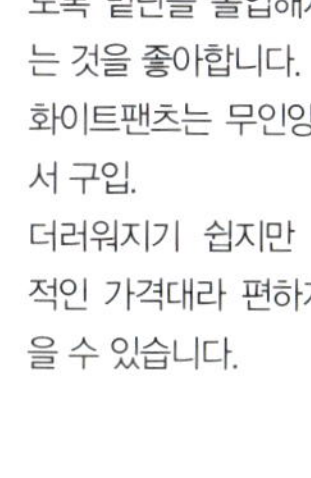

청바지

하의는 언제나 착용감을 가장 중시.
바지는 발목이 약간 보이도록 밑단을 롤업해서 입는 것을 좋아합니다.
화이트팬츠는 무인양품에서 구입.
더러워지기 쉽지만 합리적인 가격대라 편하게 입을 수 있습니다.

와이드팬츠

치노팬츠

스커트

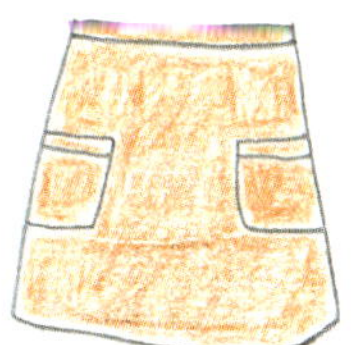

주머니달린 스커트

내가 가지고 있는 옷들

겨울

겨울엔 유니클로에서 구입한 히트텍 엑스트라웜을 내복으로
입고 그 위에 상의를 겹쳐 입습니다.
터틀넥 스웨터는 목둘레가 따끔거리지 않는
무인양품의 남성용 S사이즈.
한겨울에는 여기에 보아털조끼나 파카를 걸칩니다.

착용감과 보온성을 중시해서 고른 겨울 하의.
청바지는 안쪽에 기모처리가 된
따뜻하고 낙낙한 보이프렌드핏.
감색과 흰색 코듀로이 바지는 무인양품에서 구입.
여유가 있어 움직이기 편한 것이 딱 마음에 듭니다.

울스커트

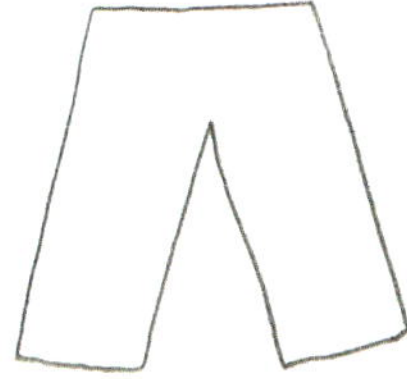

화이트 코듀로이

감색 코듀로이

기모 청바지

노스페이스의 후드자켓
은 발수가공원단의 경량
타입으로 유치원 등하원
시킬 때나 걷기 운동할
때 입습니다.
MHL의 코트는 탈부착
이 가능한 라이너가 달
려있이 늦가을부터 초
봄까지 길게 입을 수 있
습니다.

후드자켓

롱코트 (라이너포함)

3

불편하다는 생각이 들면
바로 '정리' 시작

제가 이상적으로 생각하는 집은 깔끔한 공간입니다. 동시에 무언가를 '해 보자'라는 의욕이 생겼을 때 바로 시작할 수 있는 장소입니다. 물건들이 넣고 빼기 쉽게 정돈되어 있으면 상쾌하고 아늑한 기분으로 살아갈 수 있습니다.

매일 아침 커피를 내려 마시는 것이 저희 부부의 일과입니다. 커피잔, 종이필터와 벌꿀 등을 주방 찬장에 넣어두고, 커피메이커는 주방 옆에 있는 작은 방 카운터 위에 자리 잡고 있었어요. 어느 날 커피를 내리려고 하는데 갑자기 뭔가 답답하고 짜증스러워졌습니다. 이 답답한 느낌은 '뭔가 귀찮다', '찾기 힘들다', '불편하다'는 사인입니다. 어떻게 수납해야 기분 좋게 꺼낼 수 있을까? 라고 시뮬레이션을 하면서 장소와 넣는 법을 연구했습니다.

　이렇게 작은 짜증이나 불편을 느낄 때가 '물건이 있을 자리'를 '정리'하는 기회입니다.

　보다 쾌적하게 사용할 수 있도록 위치를 바꿔보세요. 가위 하나라도 그렇습니다. 일어나서 두세 걸음 걸어서 가지러 가던 것을 앉은 채로 집을 수 있으면 보다 즐겁고 쾌적하게 느껴집니다. 그러면 생활이 훨씬 편해질 거예요. 이런 작은 노력이 쌓여서 이상적인 생활로 이어지리라 믿습니다.

상자 채로 두던 홍차 티백을 유리용기에 넣어 포트 옆
에 두었더니 차를 우리는 것이 훨씬 편해졌어요. 뚜껑
을 열고 닫기 편한 타입의 용기입니다.

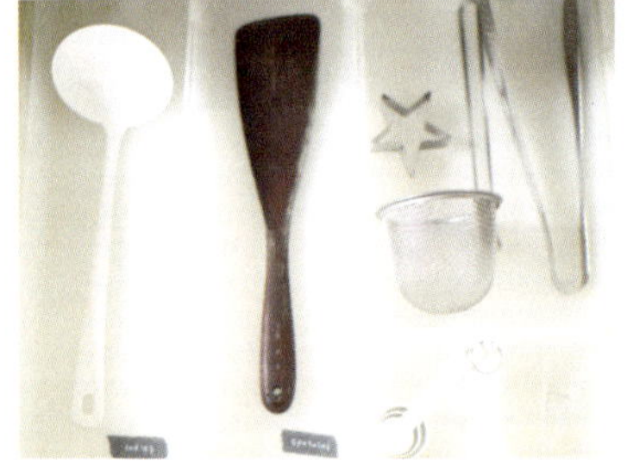

용도가 같은 조리도구는 하나만 남겨두었어요. 자주
쓰는 것이니 최대한 넣고 빼기 쉽게 수납했습니다. 서
랍 속은 무인양품 케이스로 구역을 나눈 다음,
헷갈리지 않고 제자리에 둘 수 있도록 라벨을 붙였
습니다.

커피메이커 위에 작은 선반(무인양품의 벽걸이 가구 시리즈)을 달아 커피를 마실 때 사용하는 도구와 컵을 놓을 수 있게 만들었습니다.

4
작은 어수선함을
그냥 넘기지 않는다

아무리 물건을 줄여도 어수선해지는 곳은 반드시 있습니다.

오랫동안 신경이 쓰였던 코드의 어수선함. 저희 집에서는 100엔 샵에서 산 '더블클립'이 활약하고 있습니다. 더블클립은 작은 것부터 손바닥만한 크기까지 용도에 따라 다양하게 사용하고 있어요.

저희 집의 어수선 대책 아이템 2번 타자는 '쟁반'입니다. 일반적인 직사각 쟁반도 몇 개 있지만 둥근 쟁반을 자주 사용합니다. 원형 쟁반의 좋은 점은 빙글빙글 돌릴 수 있어서 안쪽의 물건도 꺼내기 쉽다는 것. 높은 선반에 둘 작은 물건을 모아서 올려놓거나 반대로 너무 낮은 위치에 있는 선반에 놓고 사용해도 편리합니다.

코드를 정리하는 데는
더블클립이 편리.

높은 선반에 둘 물건들은 원형 쟁반에 올려서 두면 빙글빙글 돌려가며 쉽게 꺼낼 수 있습니다.
여기서 사용한 쟁반은 리넨 원단의 자연스러운 질감이 마음에 꼭 드는 'fog 리넨 코팅 쟁반'.

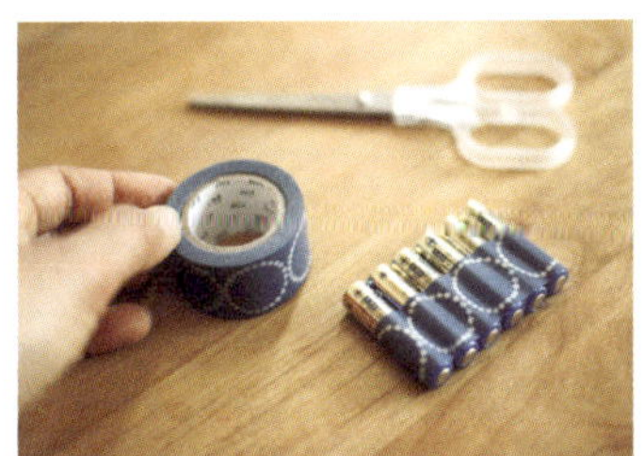

건전지는 포장을 뜯으면 흩어지기 쉬우므로 마스킹테이프를 사용해서 모아둡니다. 요령은 어느 정도 폭이 있는 마스킹테이프로 한쪽 끝만 고정시킬 것.

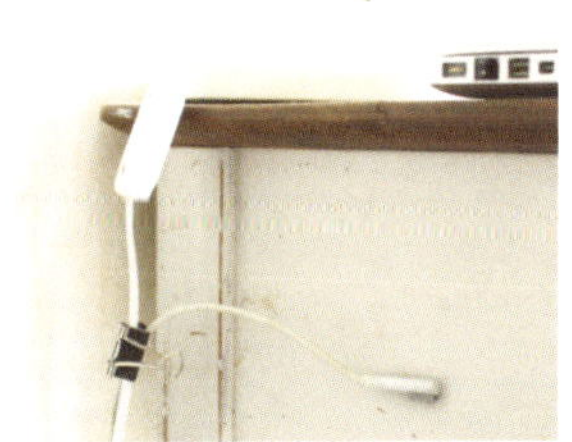

컴퓨터 전원코드를 책상스탠드의 코드에 더블클립으로 고정시켜 둔 덕분에 하나하나 바닥에서 코드를 줍지 않고도 충전할 수 있습니다.

5

매일 정리는 5분씩 한다

우리 집의 청소와 정리는 늘 5분씩 이루어집니다.

그리고 뭔가를 '하면서' 청소를 합니다. 예를 들면 물을 끓이면서 직접 만든 청소용 민트수(분무기에 물을 넣은 후, 박하유 한 방울을 떨어뜨린 것)를 주방카운터에 뿌린 다음 싹 닦아줍니다. 또는 싱크대를 멜라민 스펀지(매직블럭)로 가볍게 문지릅니다. 또는 친정엄마와 통화를 하면서 양모 먼지털이로 텔레비전 주변이나 수납선반의 먼지를 탁탁 털어주는 등 뭔가를 하면서 겸사겸사 청소를 하는 것입니다.

물건을 정리하고 처분할 때도 틈새시간을 이용하면 원활하게 진행됩니다. 지난번에는 카메라로 찍은 사진을 컴퓨터에 저장하는 동안(저희 집 컴퓨터는 제법 시간이 걸립니다) 읽지 않는 책과 잡지를 상자에 담아 중고서점에 보낼 택배박스를 만들어두었습니다. 또 딸아이가 소풍 때 가져갈 물건을 확인하기 위해 아이용 서류함을 연 김에 기한이 지난 프린트를 2장 정도 꺼내서 처분했습니다.

'자, 지금부터 정리 시작이야'라고 팔을 걷어붙이고 나서는 것은 쉽지 않지만 5분이라는 짧은 시간 동안 다른 일을 '하는 김에' 한다면 '청소와 정리'도 편하고 기분 좋게 할 수 있습니다.

바닥을 닦을 때 '부직포밀대'를 쓰다가 얼마 전부터 '걸레질'로 바꿨습니다. 미니멀하게 생활하는 분들을 취재해보니 대부분 걸레로 마루를 닦는다는 것을 알게 되었어요. 아이 학교용 걸레가 한 장 집에 있길래 얼마간 걸레로 마루 청소를 해보았습니다. 그리고 깨달은 것은 '부직포 밀대로 아무리 깨끗하게 닦았다고 생각해도 의외로 더럽다'는 것.

걸레로 닦을 때는 손에 확실히 힘을 주고 닦을 수 있기 때문에 더러움이 잘 떨어집니다. 그리고 아주 짧은 시간이라도 '청소했다!'는 쾌적한 기분을 느낄 수 있어요. 그래서 지금은 매일 3분, 집중해서 걸레질을 하고 있습니다.

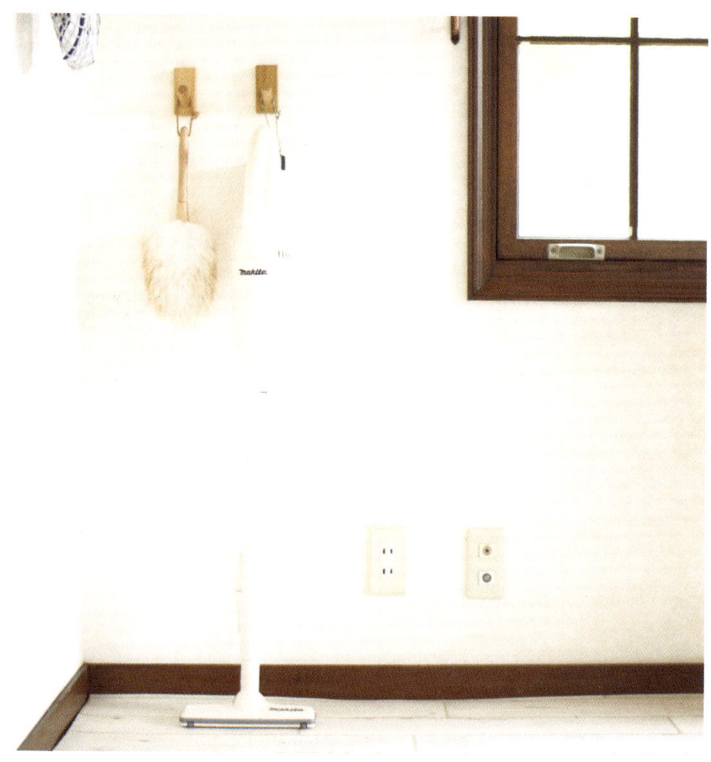

분무기에 물을 담아 칙칙 뿌리고 한번 싹 닦아주세요.
청소용 세제를 쓰지 않아도 깨끗해집니다.

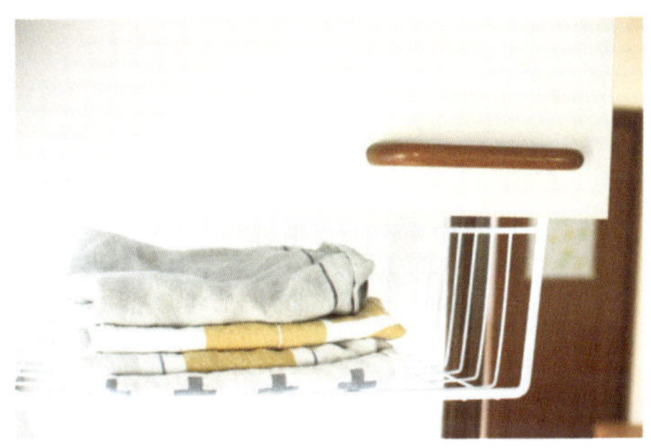

설거지한 식기를 닦거나 밑에 깔 때(식기건조대 대신에) 사용하는
키친클로스는 찬장 아래에 다는 랙(300엔 샵에서 구입)에 포개서 보관.
사용한 후에는 세탁기에.

양동이는 들고 다니기 편한 자그마한 것을 사용.
페퍼민트 오일을 한 방울 뿌려서 사용합니다.

깨끗한 집을
손쉽게 유지하는
아이디어

홀론 씨(도쿄 거주)

PROFILE

인스타그램에 집안 인테리어를 올리면서 심플+깔끔한 생활모습으로 주목을 모아 많은 인기를 끌고 있다. 2016년 6월 현재 팔로우 수 12만명 이상. 1남 1녀를 키우는 워킹맘이며 저서로 《'심플+깔끔=편안'한 물건 선택》,《심플한 생활 100가지 아이디어》가 있다.

도쿄 교외의 아파트에서 4인 가족이 살고 있는 홀론 씨.

집안에 한발 들여놓으니 상쾌한 공기가 온 몸으로 느껴집니다.

그린&블루로 마감된 북유럽풍 소파, 자그마한 아이용 나무의자, 그리고 밝고 깔끔하게 정리된 공간. 심플한 집 안에 정성껏 선택한 물건이 약간만 놓여 있어 처음 왔는데도 편안한 느낌입니다. 편히 쉴 수 있는 아늑함이 느껴집니다. 어린 아이 둘을 키우면서 어떻게 이런 깨끗한 상태를 유지하는 것일까요?

'하나하나의 일에 시간을 빼앗기지 않도록 개선해나가는 것, 그리고 쌓아두지 않는 것이 중요하다고 생각해요.'라는 홀론 씨.

바닥에는 가능한 물건을 놓지 않습니다. 덕분에 청소를 시작하기에 부담이 없고 정소할 때노 거침없는 공간이 되있습니다

휴지통은 창가의 고리에 걸어두고 텔레비전은 '벽미인'이라는 벽걸이 도구를 사용해서 벽에 달았습니다. 이곳 저곳에 작은 고리가 달려있는 것도 홀론 씨네 집만의 특징.

'조금만 놓아둔다'가 아니라 '조금만 걸어둔다'는 발상의 전환. 깔끔하고 깨끗한 공간을 유지하는데 도움이 되는 습관입니다.

6

바닥에 물건을 두지 않는다

손잡이가 달린 휴지통(니토리에서 구입)을 사용합니다. 창가 고리에 걸어두지요.

장난감은 TEMBEA(템베아)의 북토트백에 넣어서 보관. 들고 옮기기 편해요.

남편과 둘이서 전용도구를 사용하여 텔레비전을 벽에 걸었습니다.

샴푸류는 욕실에 놓지 않고 매번 들고 다닙니다. 물놀이 장난감은 바구니에 담아 매달아둡니다.

정돈과 청소는 자투리 시간을 이용해서 '하는 김에' 처리하고 있습니다. 예를 들면 이렇습니다. 청소기는 짬이 나는 5분 동안 집중해서 돌린다, 물을 끓이는 사이에 주방을 잠깐 청소한다. 욕조에 뜨거운 물을 받는 동안 세면대를 청소한다 등입니다. "아, 귀찮다… 라는 생각이 들기 전에 몸을 움직이는 거예요." 사람은 2주만 계속하면 몸이 기억해서 자연스럽게 움직이게 된다고 합니다. 그렇게만 된다면 더할 나위가 없겠지요. '양치질 한다'와 같은 감각으로 자연스럽게 정리와 청소를 할 수 있게 되는 것이니까요.

7
가족 옷은 한 곳에 모아 보관한다

양말과 속옷은 옷장 속 집게에 집어 보관합니다.
빨래집게가 달린 행거는 한사람당 한 개씩.

의류는 '매다는 수납'을 기본으로.
세탁물이 마르면 어른 옷이든 아이 옷이든
전부 옷걸이에 건 상태로 같은 방에 있는 옷장 속에
넣습니다.

이런 생각은 부엌일에서도 그 힘을 발휘합니다. "요리는 그렇게 잘하지 못해요."라고 말하는 홀론 씨는 틈새시간을 이용해서 간단한 채소반찬(데친 채소, 나물 무침 등)을 만들고 고기와 생신을 굽는 메인요리, 밥과 국으로 식탁을 차립니다.

"매일매일 개선되는 모습이 일단 즐겁습니다". 모든 것을 긍정적으로 보고 심플하게 받아들이며 일상의 시간을 소중하게 여깁니다. 아이들과 노는 시간을 늘리기 위해서 집안일을 효율적으로 처리하고 모두가 편안히 쉴 수 있도록 집안을 정돈합니다. 앞으로도 홀론 씨의 일상을 볼 수 있다는 것이 즐겁습니다.

8

생각날 때 '쓱' 닦는다

테이블이든 바닥이든 생각났을 때 쓱 닦는 것을 습관화해보세요. 청소를 쉽게 하려면 더러움이 쌓이기 전에 부지런히 닦는 것이 가장 좋은 방법이거든요. 시간으로 치면 3분 정도의 걸레질로 더 많은 시간을 절약할 수 있어요.

9

모든 물건에 자기 위치를 정해둔다

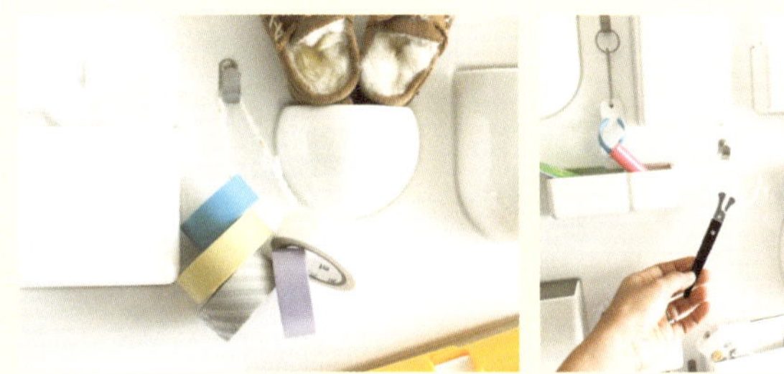

여러 개가 있는 마스킹테이프는 끈으로 묶어서 걸어 놓으면 편리. 가위 하나까지 지정석을 만들어준다.

10

꺼내기 쉽도록 여유를 두고 수납한다

싱크대 뒤쪽에 매일 쓰는 냄비와 도구를 두었어요.
손을 뻗으면 바로 잡을 수 있어 편리합니다.

아이용 식기는 한곳에 모아두고 스스로 꺼낼 수
있도록 합니다.

그릇은 서랍에 정리하기 때문에 식기장은 필요없어요. 컵과 잔은 바로 꺼내 쓰기
쉽도록 세트로 수납.

식기는 전자레인지와 식기세척기에 사용 가능한
것으로 선택. 밥그릇은 흰색을 사용합니다.

시계와 키친타이머는 주방에서 눈에 잘 보이는
곳에 부착.

Chapter 2
물건과 사이좋게
지내는 아이디어

11

'버리기'가 아니라
'남기기'를 생각한다

'버리기'는 사실 꽤나 어려운 작업입니다. 버리는 것에 초점을 맞추다보면 마음이 괴로워지면서 '당장은 안 쓰지만 버리지는 못하겠어.'라는 회색지대의 물건이 점점 늘어납니다.

그럴 때는 버리기를 일단 멈추고 '남길 것을 고른다'는 태도로 마음가짐을 바꿔보세요.

'어떤 물건을 남길까? 남길 것은 내가 좋아하는 것. 자주 사용하는 것. 가슴이 뛰는 물건이 뭐지?' 이 방법은 제 경우, 주방 정리에 특히 효과가 있었습니다. 예를 들면 '이 머그컵은 들고만 있어도 행복한 기분이 되니까 남기자', 여러 개 있던 빵 접시 중에서 '이건 남편이 좋아해 자주 쓰는 거니까 남기자'고 결정. 그리고 거의 쓰지 않고 안쪽에 쌓아두었던 나머지 접시들은 처분했습니다.

뒤집개는 오래되었지만 자주 쓰는 것으로 선택. 국자는 살짝 이가 빠졌지만 애착이 가서 늘 사용하는 법랑국자를 남기기로 했어요.

'버리는 작업'과 '남기는 작업'은 언뜻 보기엔 같아 보이지만 사실은 완전히 다른 접근법입니다. 남길 것을 선택하다보면 내가 진짜 좋아하는 것을 알게 되고, 쓸데없는 물건을 사들이지 않는 절제의 힘이 생깁니다.

저는 '왜 이것을 남기고 싶은 것일까', '여기에 끌리는 이유는 무엇일까'라는 질문을 던지고 차분히 물건과 마주하는 그 시간을 좋아합니다.

12

남겨진 물건을 보며 행복을 느낀다

산처럼 쌓여있던 물건 속에서 살아남은 소중한 물건들. 남기는 작업이 끝났다고 거기서 끝내는 것이 아닙니다. 여기서부터가 새로운 생활의 시작입니다.

남긴 물건은 모두 내가 좋아하는 것들뿐. 손으로 만져보고 몸에 대볼 때마다 행복한 마음이 됩니다. 예를 들면 집안에서 일상적으로 신고 있는 흰색 바부슈 (Babouche).

때때로 거울을 보며 자세를 체크하는데 바부슈의 가죽 질감과 모양을 볼 때마다 '진짜 귀엽다'는 생각이 들면서 기분이 좋아져요.

일하는 사이사이, 홍차를 마시며 오랫동안 애용하는 컵을 가만히 들여다봅니다. '맞아, 이건 애프터눈티에서 샀지. 오랫동안 소중하게 써야지…' 이런 생각을 하면서.

부엌일을 할 때는 키친클로스의 기분 좋은 리넨 질감을 손으로 느끼면서 접시를 닦습니다. 그러면 선명한 북유럽무늬의 클로스는 공간을 환하게 만들어주는 고마운 물건이구나, 하는 생각이 들면서 저절로 감사한 마음이 가득해집니다.

삶의 순간순간마다 '참 좋다', '기쁘다'를 확인하는 횟수가 늘면 조금 언짢은 일이 생겨도 동요하지 않고 긍정적인 마음을 유지할 수 있게 됩니다.

학교 수업참관 등에도 이 바부슈를 가지고 갑니다.
흰색은 어떤 옷에도 매치하기 좋아요.

13

착용감이 좋은 옷을
우선으로 고른다

제가 옷을 고르는 조건은 일단 심플할 것, 가능한 일 년 내내 돌려 입을 수 있을 것. 그리고 또 한가지 빼놓을 수 없는 조건은 입었을 때 편할 것. 몸을 조이는 것은 가능한 피하고 살짝 걸치는 느낌으로 입는 것을 좋아합니다.

자주 가는 옷가게 'BSHOP'의 점원에게 "옷은 빨다보면 자꾸 줄어드니까 한사이즈 큰 걸로 사는 게 좋아요."라는 조언을 들은 것을 계기로 자주 한 사이즈 큰 것을 고르게 되었습니다. 예를 들면 실내복으로 애용하는 MHL의 트레이닝복은 사실 남성용.

여성용은 너무 딱 달라붙어 눈 딱 감고 남성용을 선택했는데 그게 바로 정답이었어요. 몇 번 빨면서 줄어들어 지금은 입기에 딱 좋은 사이즈가 되었습니다. 그렇다고 해서 너무 큰 것도 NG. 저는 옷을 구입할 때 히트텍같은 속옷까지 입은 상태로 사이즈감과 착용감을 확인합니다.

MHL의 남성사이즈 트레이닝복. 바지는 스키니보다는 낙낙한 스타일을 좋아합니다. 벨트는 매지 않아요.

목도리는 부드러운 분위기의 니트 소재.
면 100%로 매끈하고 가벼워서 여름에도 사용할 수 있습니다.

나카가와 마사시치 쇼텐(中川政七商店)의 꽉 조이지 않는 양말시리즈 (두발가락 양말을 애용). 친구의 추천으로 일본 버선(타비)스타일을 구입. 다섯발가락 양말은 신는 것이 귀찮지만 두발가락은 간단해요.

14

마음에 드는 물건은
주저없이 반복 구매한다

5년 전 쯤, 한눈에 반해 구입한 이후, 쭉 애용하고 있는 오르치발(orcival)의 바스크셔츠(Basque shirt). 선명한 블루 줄무늬가 얼굴색을 밝게 해줍니다. 옆쪽에는 슬릿이 들어가 있어 움직임이 자유로운 것도 마음에 들고요. 그런데 작년 겨울, 그만 홍차를 흘리는 바람에 가슴 부분에 눈에 띄는 얼룩이 생겼어요. 어쩔 수 없이 처분하고 3번째 재구매. 마음에 꼭 드는 옷은 주저하지 않고 같은 것을 반복 구매합니다. 가게도 마음에 들면 같은 곳을 몇 번씩 찾아간답니다. 제가 좋아하는 매장 베스트 5는 다음과 같습니다.

1 BSHOP store.bshop-inc.com

심플하고 질리지 않는 베이직한 옷을 취급하는 편집숍.

2 무인양품

물건을 고르다가 망설여지면 무인양품의 물건을 고릅니다. 안심할 수 있는 가게.

3 나카가와 마사시치 쇼텐

中川政七商店 · 나라현 소재 www.nakagawa-masashichi.jp

멋진 일본 전통잡화와 일용품, 생활용품이 가득한 편집숍.

4 악투스(ACTUS) www.actus-interior.com

북유럽을 중심으로 한 수입가구와 잡화를 취급하는 릴렉스할 수 있는 공간이 인상적인 인테리어숍.

5 모모내추럴(Momo Natural) www.momo-natural.co.jp

심플하고 내추럴한 가구를 취급하는 멋진 가구매장. 저희집 소파와 서랍장은 여기서 구입했어요.

무인양품은 온라인 쇼핑몰을 이용할 때도 많지만 '이거다!'라고 생각되는 물건을 발견하면 '매장 방문 수령'을 선택합니다. 배송료도 절약되고 점포에서 실물을 보고 생각했던 것과 다르면 바로 반품할 수 있어 무척 편리합니다.

우리집 반복 구매 아이템

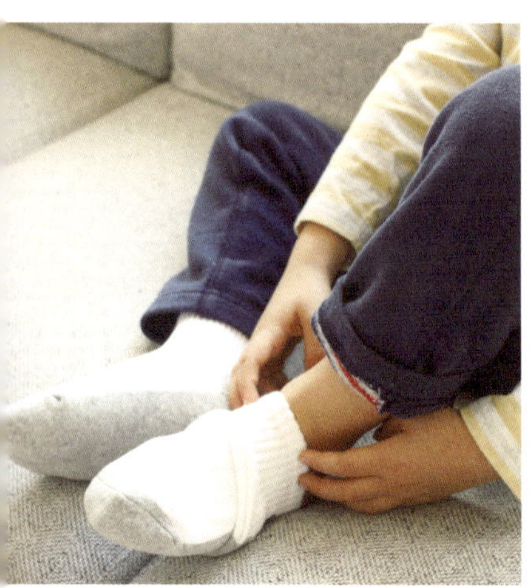

아이용 복사뼈길이 양말(POLO). 튼튼해서 오래 갑니다. 5살 막내아들도 쉽게 신을 수 있습니다.

'오르치발(Orcival)' 바스크셔츠. 제가 선택하는 것은 언제나 같은 색깔에 같은 디자인. 소매 길이는 8부 정도.

선크림은 에바비바(erbaviva)의 '칠드런 썬스크린'(SPF30 PA+). 아토피 체질인 아이라도 안심. 온가족이 함께 사용합니다.

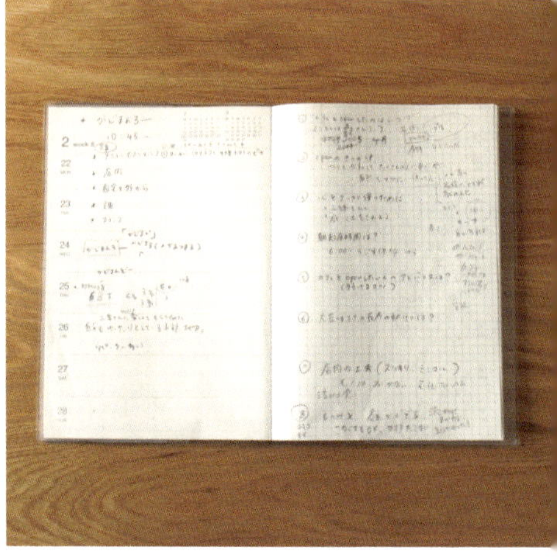

스케줄 수첩은 무인양품. 여백이 많아서 스케줄 등 여러 가지 사항을 메모할 수 있어서 마음에 듭니다.

무민 유리컵(아라비아). 한번 깨트린 후
갖고 싶어서 다시 구매.

부드러운 발림성이 좋은 존 마스터스 오가닉 (John
Masters Organics)의   립캄(Lip Calm)은 4번째
재구매.

주방세제는 하모니베르떼 (HARMONIE VERTE).
은은한 향기가 상쾌하고 민감성 피부의 손이 거
칠어지지 않습니다. 식기와 싱크대 모두 닦을 수
있어요.

홍차브랜드 애프터눈 티(Afternoon tea)의 스테
디셀러 '애프터눈 티'와 저녁용으로 '디카페인차 얼
그레이'.

15

필요없는 물건은 집에
들여놓지 않는다

꽃집에 간다

집안에 새로운 물건을 들여놓지 않으면 물건이 적은 상태가 잘 유지되므로 집이 늘 깔끔합니다. 이는 어쩌면 당연할 일일지도 모릅니다. 하지만 저는 물건을 좋아해요. 인테리어숍을 구경하는 것도 좋아해 멋진 잡화를 발견하면 나도 모르게 사고 싶어져요. 그런 충동구매를 막기 위해서 꽃집에 가기 시작했어요. 한 달에 2~3번, 집 근처 꽃집에서 거실과 부엌에 놓을 꽃을 고릅니다. 500엔 전후로 살 수 있지요. 작은 유리병에 꽂아두기 딱 좋은 사이즈의 꽃을 좋아합니다.

매년 봄이 되면 미모사로 드라이플라워를 만듭니다. 드라이
플라워로 만들면 선명한 미모사의 노랑색이 약간 바래지는데
저는 이 느낌을 무척 좋아합니다.

꽃은 나에게 주는 선물입니다. 꽃을 중심으로 인테리어를 생각하면 신기하게도 새 물건을 사고 싶다는 충동이 사라집니다.

생화를 즐긴 후 그대로 드라이플라워를 만들기도 합니다. 봄에는 미모사, 여름에는 수국, 가을과 겨울은 장미나 유칼립투스 등. 가지 끝을 끈으로 묶어서 거꾸로 매달아 둡니다.

종이류는 대충 훑어보면서 즉시 분류

금세 늘어나는 종이류는 부지런히 정리하는 것이 꼭 필요합니다. 유치원과 초등학교에서 거의 매일 받아오는 안내장. 아이가 셋이니 그 양도 세 배입니다. 그래서 안내장은 가방에서 꺼내자마자, 죽 훑어보고 필요한 것은 바로 전용서류철에 넣습니다. 그 중 학교행사 일정이나 화단의 물주기 당번과 같은 알림사항은 스케줄 수첩에 적어 놓고요. 필요한 정보를 얻었으면 이제 종이류의 역할은 끝. 나머지는 그대로 폐지함으로. 학교에서 가지고 온 시험지 등은 아이에게 남길 것인지 여부를 확인하고 처분합니다.

택배상자는 현관에서 일단 멈춤

집에 물건을 들이지 않기 위해 현관에서 물건을 '일단 멈춤'하는 것이 효과적입니다. 택배상자를 받으면 일단 현관에서 개봉합니다. 현관 서랍장에는 바로 쓸 수 있도록 가위를 놓아둡니다. 필요한 물건만 상자에서 꺼내고 포장지와 명세서 등은 휴지통에 버립니다. 마지막으로 상자는 접어서 언제든지 재활용함에 버릴 수 있도록 준비해둡니다.

현관에 둔 도구 상자.
가위, 펜, 박스테이프, 택배
운송장을 모두 한곳에 모아
두었습니다.

16

물건을 순환시킨다

선물 받은 물건은 상대의 마음을 생각하면 왠지 미안해져서 좀체 처분하지 못하고 있었습니다. 하지만 잘 활용하지 못할 바에는 더 잘 사용할 사람에게 가능한 빨리, 상태가 좋을 때 보내는 것이 현명하다는 생각이 들었어요. 그래서 물건을 순환시킬 결심을 했습니다. "선물은 '나에게 줘서 고마워'라는 감사의 마음으로 받는다. 그리고 일단 받았으면 이후에는 우리 마음대로 해도 괜찮다."

하루하루 살다보면 깨닫지 못하는 사이에
이런저런 물건이 정체되거나 쌓입니다. 의
식적으로 통풍시키고 물건도 마늠노 사ᄉ
자주 깔끔하게 치우면서 살고 싶습니다.

　마음에 드는 물건이면 기쁘게 사용하고, 쓰지 않겠다고 판단되면 사용할 사람에게 양도하거나 리사이클숍으로 가지고 갑니다.

　미국에서 생활할 때 '미국사람은 일본사람만큼 물건을 많이 가지고 있지 않다.'는 것을 느꼈어요. 처음엔 '집이 크니까 분명히 물건도 많겠지'라고 생각했습니다. 하지만 어느 집을 다녀 봐도 상상 이상으로 물건이 적고, 깔끔하게 정리되어 있었어요. 물론 같은 미국인이라도 사람에 따라서 많은 물건을 소유한 경우도 있겠지요. 하지만 제 주변 사람들은 놀랍게도 깔끔한 생활을 하고 있었습니다.

　거기에 비해 당시 저희 집은 물건이 너무 많아 손님을 부르는 것이 부끄러울 정도였습니다. 새삼스럽게 일본인의 기질에 대해 생각해보았습니다. 아끼는 정신은 물건을 소중히 생각한다는 점에서는 훌륭하지만 잘못하면 필요하지 않은 것까지 쌓아둘 수도 있다고.

제가 만난 사람들은 자연스럽게 물건을 쌓아두지 않고 순환시키는 것을 의식한 생활을 하고 있었습니다. 호불호(YES/NO)가 확실하기 때문에 물건도 '좋아한다', '좋아하지 않는다'는 기준으로 자신있게 분류할 수 있는 것인지도 모릅니다.

좋아하는 물건은 소중히 남기고, 취향이 아닌 물건과 필요하지 않다고 판단한 물건은 어떤 가정이든 차고세일(Garage Sale) 등을 통해 현명하게 처분합니다. 미국에서 살 때, 주말이 되면 늘 이웃에서 '차고세일(Garage Sale)'이라고 쓰여진 벽보를 볼 수 있었습니다.

처분하는 쪽은 물건을 줄일 수 있을 뿐만아니라 약간의 수입이 생겨서 좋습니다. 그리고 사는 쪽도 원하는 물건을 싸게 살 수 있어 만족. 물건이 자연스럽게, 그리고 행복하게 순환되는 것입니다.

일본에서 차고세일을 여는 것은 어렵겠지만 바자회나 리사이클숍, 인터넷 중고거래장터를 활용해서 물건을 순환시켜 나가고 싶습니다.

17

일 년에 두 번
물건을 재평가하는 기간을 갖는다

우리 집에서는 새로운 생활을 맞이하는 춘삼월, 그리고 선선한 바람이 느껴지며 가을 기운이 만연해지는 10월을 '물건 재평가의 달'로 정했습니다. 매년 새로운 스케줄 수첩을 사면 3월과 10월 페이지에 '물건 재평가의 달'이라고 써넣습니다.

3월은 기온이 조금씩 올라가므로 겨울옷과 앞으로 입을 봄옷을 한꺼번에 재평가합니다. 그리고 이제 슬슬 긴소매를 입어야겠다고 느껴지는 가을이 재평가 타이밍입니다.

어려운 것은 제 옷보다 아이들 옷. 매일 바깥놀이를 하는 세 아이의 옷은 제 옷의 배 이상입니다. 우선 모든 옷을 아이들에게 입혀 본 다음, (또는 등 쪽에서 옷을 대보고) 사이즈가 작아 안 맞는 옷은 바구니에 분류해 넣습니다. 아이들은 금세 자라기 때문에 약간 헐렁한 정도의 옷만을 남깁니다.

바구니에 옷이 가득 차면 조카에게 보내거나 근처의 리사이클숍으로 가지고 갑니다. 심하게 오염됐거나 흠이 있는 것은 잘라서 청소용으로 사용합니다.

옷 이외의 물건, 예를 들면 주방 조미료나 저장식품도 이 시기에 의식적으로 재평가합니다. 모르는 사이에 늘어난 것도 있으므로 유통기한이나 사용빈도를 확인하고 오래된 것은 처분합니다.

우리 집에서는 연말에 대청소 대신 봄에 스프링 크리닝(봄 대청소)을 합니다. 하와이와 캘리포니아에서 살 때 연말 대청소를 못해서 안절부절한 적이 있어요. 그때 미국인 친구가 "왜 이렇게 추울 때 청소를 하려고 해? 미국이나 유럽에선 따뜻해지는 봄에 대청소를 하는데."라고 말해주었어요. 확실히 봄에 청소를 하면 추운 겨울보다 걸레질도 기분 좋게 할 수 있습니다.

그 이후, 물건을 재평가하는 기간도, 일 년에 한 번하는 대청소도 추운 겨울을 피해 기분 좋은 계절에 하고 있습니다.

18

애착이 덜한 물건부터
정리한다

제가 쓴 책《오늘부터 미니멀라이프》를 읽은 친구에게 연락이 왔습니다. 책을 읽고 '그래! 나도 오늘부터 미니멀한 생활을 시작하겠어!'라고 결심한 친구는 현관부터 시작했다고 합니다. 먼저 구두 정리에 돌입했는데 바로 좌절했다고 해요. 그녀는 멋에 관심이 많고 특히 구두에는 까다로운 편이에요. 수선을 해서 고쳐가며 신기 때문에 여러 개의 구두를 가지고 있었습니다.

자신이 가장 좋아하는 물건부터 줄이기 작업을 시작하는 것은 무척 힘든 일입니다. 저는 친구에게 "그럼, 구두정리는 뒤로 미뤄 봐. 우선 현관 말고 그렇게 각별한 감정이 생기지 않는 곳부터 시작하면 어때?"라고 말해주었습니다.

그 결과, 천천히 진행되긴 했지만 거실을 깔끔하게 정리하게 되었다며 기뻐하는 친구의 이야기를 듣고 저도 기분이 좋았습니다.

정리를 시작할 때는 특별히 좋아하는 장르의 물건에는 손을 대지 말고 뒤로 미루는 것이 좋습니다. 그다지 각별하지 않은, 하지만 물건이 많아서 어수선한 장소부터 시작하세요.

저는 현관부터 시작했습니다. 하지만 주방부터 시작하는 것이 좋은 사람도 있고 옷부터 시작하는 것이 의외로 쉬운 경우도 있을 것입니다. 서랍 속과 같이 작은 범위부터 시작하는 것도 괜찮아요. 한번 '정리 엔진'이 작동되면 계속해서 물건을 줄일 수 있게 되니까 우선은 줄이기 쉬운 장소를 찾아보세요.

그리고 자기가 특별히 좋아하는 물건에 대해서는 슬쩍 눈을 감아주는 지혜를 발휘하세요. 다른 곳이 정리되면 좋아하는 물건에 대해서도 '나에게 있어서 적당량'을 가려낼 수 있게 될 것입니다.

물건 줄이기는 우선 만만해보이는 장소부터 시작하세요. 혹시 정리를 하다가 '이거 좀 어려운데…'라고 느껴지면 다른 장소로 포커스를 옮기거나 범위를 줄여서 해보는 것이 좋습니다.

배낭 하나로
두달간 생활하기

나단 치에코 씨(하와이 거주)

PROFILE

오이타현에서 태어나 오사카에서 자랐다.
아웃도어를 좋아하는 아버지 덕분에 어릴 때부터 캠핑생활에 익숙하다. 심리학자인 남편, 10살인 딸과 함께 하와이 오아후 섬에서 살고 있다. 하와이에서 산 지 15년. 남편의 영향으로 물건을 조금씩 줄이고 지금은 정말 필요한 물건에만 둘러싸인 심플한 생활을 즐기고 있다. 한 달에 2~3번, 하와이에 거주하는 일본인 엄마들과 함께 일본 문화를 즐기는 워크숍을 연다.

우리 가족이 하와이에서 살 때, 대자연에서 미니멀한 생활을 즐기는 치에코 씨를 알게 되었습니다. 유대계 미국인인 남편, 딸과 함께 적은 물건으로 심플하게 사는 그녀의 가족. 주말엔 도시락을 들고 라니카이 비치에서 느긋하게 보내던 모습이 기억납니다. 당시 많은 짐에 둘러싸여있던 저는 그녀의 행복하고 미니멀한 라이프스타일에 큰 영향을 받았습니다.

치에코 씨 가족은 매년 여름이면 두 달간 캘리포니아주의 이산 저산을 돌며 캠핑생활을 합니다.

짐은 최소한의 물건만. 오르막과 내리막이 심한 산에서는 가볍게 움직일 수 있는 것이 최우선이므로 짐은 각자의 등에 멘 배낭 한 개뿐입니다.

내용물은 우선 옷의 경우, 상의는 3개. 셔츠 2개에 플리스 점퍼 1개입니다. 하의는 긴바지 1개와 반바지 1개. 세탁은 강물이나 호숫물을 캠프사이트로 길어 와서 가볍게 오염을 제거할 뿐 세제는 쓰지 않습니다.

거의 매일 빨기 때문에 옷은 금세 마르는 폴리에스테르 소재를 선택했습니다.

19
꼭 필요한 최소한의 물건을 안다

이 배낭 속에 두 달간 생활하는데 필요한 모든 물건이 들어있습니다.
최소한의 물건만을 가지고 대자연 속에 몸을 맡기면 자신이 자연과 하나가 된 자
유로운 감각에 휩싸입니다. 그것은 마치 다시 태어난 것 같은 멋진 느낌입니다.

식사는 말린 과일이나 견과류를 중심으로 뜨거운 물을 붓거나 데우기만 하면 간단하게 먹을 수 있는 오트밀, 라이스, 시리얼 등. 식기는 큼지막한 컵, 스푼, 포크뿐. 가볍고 튼튼한 티타늄 제품을 애용합니다. 2주에 한번은 산 아래 있는 마을로 내려가 식료품을 사 오고 작은 여관에서 샤워를 하며 재충전한다고 합니다.

"매일의 생활에서 생기는 응어리나 작은 고집, 또 미디어를 통한 정보 등은 아무리 받아들이지 말아야지 결심해도 영향을 받기 마련이에요. 하지만 이렇게 자연 속에 몸을 맡기면 모든 것이 리셋되면서 몸과 마음이 가벼워지는 것을

20
마음이 따뜻해지는 손글씨 편지와 메모를 쓴다

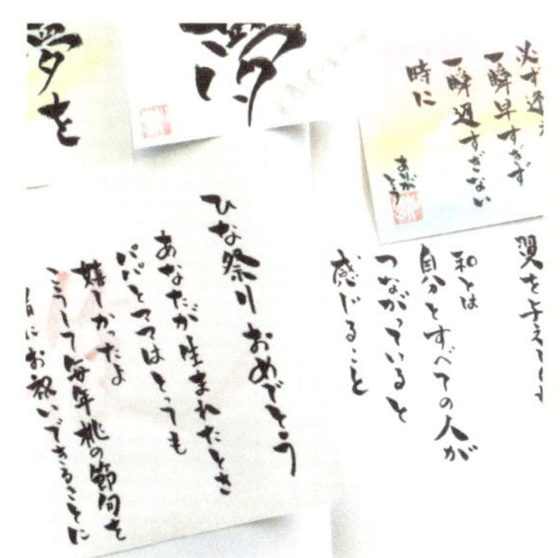

가족과 친구에게 보낼 카드는 전부 손글씨로 씁니다.
하와이말로 마음에 드는 문구를 적기도 합니다.

5년 전쯤부터 쓰기 시작한 '초승달 소원노트'.
매월 음력 초하룻날에 10개 정도의 소원을 적어둡
니다.

느낄 수 있어요." 라는 치에코 씨.

자연 속에서 느끼는 각양각색의 것들. 마음에 떠오르는 것을 치에코 씨는 노트에 메모합니다. 그러니까 아무리 심플 슬림해도 노트와 펜은 늘 치에코 씨의 곁에 있는 아이템입니다.

태어나면서부터 캠프생활을 계속해온 딸 자스민은 현재 초등학교 4학년. 이런 대자연 속에서 자란다면 도대체 얼마나 멋진 어른이 될까. 저도 그녀의 성장을 기대하는 마음으로 지켜보고 있습니다.

21

자연과 함께하며 가까운 행복을 즐긴다

정원에 핀 꽃을 따서 물을 채운 그릇 위에 띄워보는 등 사계절 내내 식물을 즐기는 여러 가지 방법을 생각합니다.

작은 일에 감사하는 마음을 가지면 물건에 대한 집착이 사라지고 자연스럽게 심플한 생활을 하게 됩니다. 옆에 있는 이의 존재에 감사하고 매일 아이가 건강하게 지내는 것, 고양이가 늘 곁에 있는 것에도 온전히 감사합니다. 감사한 마음을 가지면 자연스럽게 호흡이 정돈되고 마음도 온화해집니다.

22

조리하지 않고 생으로 먹는다

주말 아침은 그린스무디로 시작
합니다. 이 날은 파인애플, 사과,
민트와 케일을 넣어 만들었어요.
바나나를 넣을 때도 있습니다.

자주 먹는 저칼로리 드레싱은 생 캐슈
넛으로 만듭니다. 재료는 그때그때 있는
재료를 응용합니다.

저칼로리 드레싱
캐슈넛 마요네즈
만드는 법

*생 캐슈넛이 없으면 구운 것으
로 만들어도 맛있게 완성됩니다.
양파가루와 마늘가루는 없어도
괜찮아요.

재료(약 250ml)

생 캐슈넛……2/3컵
레몬즙……1큰술
사과식초……1큰술
소금……1/2작은술
물……1/4 컵
양파가루……1/2작은술
마늘가루…1/2작은술
올리브유……1.5큰술

만드는 법

1 생 캐슈넛을 2~3시간 물에 담
가둔다(이렇게 하면 휴면상태였
던 생 캐슈넛이 살아있는 상태
가 된다).

2 물기를 뺀 1과 나머지 재료 전
부를 블렌더에 넣어 부드러워질
때까지 갈아준다.

Chapter 3

가족과 함께 실천하는 심플 아이디어

23

거실만은 언제나 깔끔하게

우리 식구는 다섯. 한사람 한사람이 가지고 있는 물건을 아무리 줄여도 전부 합하면 어쩔 수 없이 물건이 많아집니다. 집 전체를 심플하게 유지하는 건 쉽지 않기 때문에 일단 '이곳만은 항상 심플하게'라고 약속할 장소를 정했습니다. 그곳은 가족이 모이는 거실입니다.

가족이 모이는 거실만은 그곳에 있는 것만으로 기분이 상쾌해지도록 깨끗하고 아늑하게 만들고 싶었습니다. 그래서 함께 상의해서 '개인 물건은 가능하면 거실에 두지 않기. 장식은 약간만. 색은 그레이와 화이트처럼 안정된 색으로 통일'과 같은 규칙을 정했습니다.

"거실이 깔끔하니 친구들이 많이 놀러 와도 기분 좋게 놀 수 있어서 좋아요."라고 딸이 말해주었습니다.

그레이를 기본으로 꾸민 거실. 검정색 가죽소파에는 베르메종에서 구입한 밝은 그레이색 커버를 씌웠습니다. 벽에 붙인 포스터는 snuug.studio의 달력.

저 또한 깔끔한 공간에 머물면 마음까지 가벼워진다는 것을 실감하고 있어요. 그래서 낮에는 노트북을 들고 거실에 나와서 일하거나 차를 마시곤 합니다.

신기하게도 집 안에 하나의 심플한 공간이 생기면 그 영향은 다른 방으로 조금씩 전염되어 갑니다. 거실에서 현관으로, 부엌으로, 침실로 퍼져나가는 것입니다.

심플한 공간의 선순환은 언제나 하나의 작은 공간에서 시작됩니다. 그것은 현관이어도 좋고 화장실이어도 좋습니다. 우선 한곳만 심플하게 만들기. 꼭 시도해보세요.

주방 쪽은 짙은 갈색 마루였는데 흰색 쿠션플로어를 깔았습니다. 이것만으로 공간이 확 밝아졌습니다. 천연원목 식탁은 무인양품 제품. 창에는 친정엄마가 만들어주신 리넨 커튼을 걸었습니다.

24

아이들과 함께 정리하며
'깨끗하면 기분이 좋다'는 것을
체험시킨다

집을 항상 깔끔한 공간으로 유지하려면 가족 모두의 협력이 필요합니다. 아이가 셋이면 특히 저녁부터 밤까지는 학교 교과서와 노트, 필기도구에다가 학원에서 배우는 물건들이 거실을 점령하고 어지럽힙니다.

어떻게 하면 좋을까…. 수많은 생각을 거듭한 끝에 매일 잠들기 전의 의식(루틴)을 '아이들과 함께 거실을 세팅한다'로 정하고 시도해보았습니다. 물건을 제자리에 치우는 일은 저 혼자 하면 시간이 꽤 걸리지만 아이들 셋과 함께 하니 몇 분 지나지 않아 완료.

그리고 다음날 아침. 거실로 나온 아이들에게 "이것 봐, 우리가 어젯밤에 함께 정리했더니 거실이 완전 깨끗하네. 와 기분 정말 좋다."라고 말을 겁니다.

'치우라'는 잔소리 때문에 아이가 정리를 한다면 오래 유지하지 어렵지요. 아이들이 '정리를 하면 기분이 좋다!'는 느낌을 가능한 많이 체험할 수 있으면 좋겠습니다. 그래서 깔끔한 것이 좋아 스스로 정리하는 아이로 자라길 소망합니다.

큰아들과 큰딸이 초등학생이 된 후부터는 현관 청소도 함께 하고 있습니다. 현관문을 열고 바닥을 빗자루로 쓴다. 신발을 가지런히 놓는다. 그리고 청소가 끝나면 "깨끗하게 치워줘서 고마워!"라며 마음을 최대한 담아 고마움을 전달합니다. 그러면 아이들의 표정이 더없이 환해지면서 "더 청소할 곳 없어요?"라고 묻기도 합니다. 현관이 깨끗해질 뿐 아니라 기분까지 상쾌해지는 청소 습관입니다.

늘 현관에 꺼내두는 빗자루와 쓰레받기. 생각날 때마다 싹싹 쓸어줍니다.

25

아이들도 넣고 꺼내기 쉽게
수납한다

아이가 있는 집이 어질러지는 원인의 90퍼센트는 아이들이 제자리에 두지 않은 물건들. 다시 말해 아이들이 물건을 제자리에 둘 수 있다면 집 정리는 훨씬 쉬워진다는 이야기입니다. 제가 선택한 대책은 '아이들의 동선을 생각할 것'입니다. 아이들이 학교에서 돌아와 현관으로 들어오면 바로 정면에 벽장이 있습니다. 거기에 상자 3개를 놓고(아이 한 명당 바구니 한 개) 책가방과 보조가방을 넣도록 했습니다.

집에 돌아와서 바로 숙제를 하지 않을 때는 책가방을 거실이 아닌 이곳에 둡니다. 올 봄에 유치원에 입학한 막내아들도 이제는 집에 돌아오면 유치원 가방을 자기 상자에 잘 넣습니다. '나만의 수납장소'가 있다는 것이 신나는 모양입니다.

현관 벽장에는 대부분 밖에서 쓰는 물건을 수납합니다.
아이들의 책가방과 유치원가방은 한사람씩 정해진 상자에 넣습니다.
왼쪽부터 막내아들, 큰딸, 큰아들의 상자.
요즘에는 매일 줄넘기를 하면서 놉니다.

Fellowes
BANKERS BOX
703
BANKERS BOX.
Babolat

집에 돌아왔다가 바로 공원으로 놀러 나가는 일이 많으므로 그때 사용하는 줄넘기, 글러브, 축구공 등은 가방 두는 곳 바로 옆에 수납. 아이가 넣고 꺼내기 쉽도록 낮은 위치에 지정석을 만들었습니다.

또 거실의 낮은 테이블 밑에 놓여있는 3명의 장난감 상재(아이 한 명당 상자 한 개씩)는 누군가가 장난감을 넣거나 꺼낼 때마다 밖으로 튀어나온 채 방치되는 경우가 많았습니다. 상자 3개를 깔끔하게 모아서 테이블 밑에 다시 넣는 것은 어려운 일일 수도 있다는 생각이 들었습니다. 그래서 더블클립으로 장난감 상자 3개를 연결해서 고정해보았어요. 그러자 장난감 상자가 깔끔하게 제자리로 되돌아가는 빈도가 눈에 띄게 많아졌습니다.

가위와 약 등 가족 공용 물건을 정리할 때는 '아이들도 알기 쉽도록'이란 점을 생각하며 제자리를 정하는 것이 좋습니다. 아이는 물론 어른도 사용하기 쉬운 수납이 되기 때문에 쓰고나서 아무데나 두는 것을 방지할 수 있습니다. 마스킹테이프로 라벨을 붙여두면 한눈에 제자리를 파악할 수 있어 효과적입니다. 퍼즐처럼 꽉 채우려고 하지 말고 여유있게 수납하는 것이 포인트입니다.

아직 글씨를 못 읽는 막내도 스스로 넣고 꺼낼 수 있도록 서랍 안의 내용물을 일러스트로 그려 붙여놓았습니다.

거실에 있는 장난감 상자 3개를 더블클립으로 집어 고정시켰습니다.

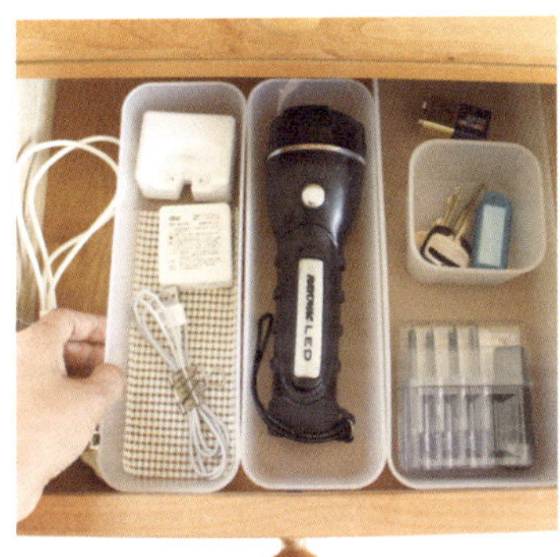

서랍 속은 무인양품 정리박스로 구획을 나눠 섞이는 것을 방지. '하나의 박스에는 한 종류의 아이템을 넣는다'고 정해두면 꺼내기도 쉽고 다시 제자리에 두기도 쉽습니다.

저희 집은 거실이든 주방이든 서랍에는 라벨이 붙어 있습니다. 무엇이 들어있는지를 마스킹테이프에 써서 붙여줍니다.

26

물건이 순환하기 쉬운
시스템을 만든다

생활하다보면 아무리 노력해도 물건이 늘어납니다. 도대체 어떻게 하면 좋을까. 많은 시도를 하던 중에 '물건이 순환하기 쉬운 시스템 만들기'를 생각하게 되었습니다. 저희 집의 5가지 시스템을 소개합니다.

1 가족 모두가 함께 리사이클숍으로
주말에는 가족이 다함께 리사이클숍으로 출동. 필요없는 물건을 팔기도 하지만 어떤 물건이 팔리는지 구경만 해도 '우리 집에 있는 어떤 것도 팔 수 있겠다'라는 작은 발견을 할 수 있습니다.

2 심하게 더러워진 옷이 있으면 벗을 때 엄마에게 가지고 온다.
'바지에 구멍이 났다', '빨아도 안 지워지는 얼룩이 생겼다', '딱 맞아서 입기 힘들다' 싶으면 빨래통에 넣지 말고 엄마에게 가지고 오라고 알려주었습니다. 덕분에 옷을 하나씩 체크할 필요가 없어져서 옷 관리가 상당히 편해졌어요. 아이들에게 옷을 계속 입을 수 있을지 없을지, 스스로 판단할 수 있는 능력을 길러주고 싶습니다.

작아진 옷은 바구니에 모아둡니다.
깨끗한 것은 사촌에게 보내거나 리
사이클숍에 팔아서 새로운 주인에
게 보냅니다.

5학년이 된 큰아들에게는 "너무 더럽거나 구멍이 나서 더 이상 못 입겠다고 판단되면 네가 바로 처분해도 좋아."라고 가르쳐주었습니다.

3 물건을 물려주면 '기분이 좋다'는 것을 느끼게 해준다

야마가타에는 오빠 가족과 여동생 가족이 살고 있습니다. 아이들의 사촌이 6명 있어서 일 년에 한두 번은 사이즈가 맞지 않는 옷과 쓰지 않는 장난감을 보냅니다. 저희 집 아이들이 입던 옷을 기쁘게 입는 사촌들. 즐겁게 놀고 있는 모습을 페이스북 등에 올리는 여동생. 그런 사진을 아이들에게 보여주면서 '보내길 잘했다!'는 기분을 느끼게 합니다.

4 늘 이사를 염두에 둔다

남편의 전근이 잦은 우리 집은 2~3년에 한번은 이사를 합니다. 그래서 뭔가를 살 때는 '어떤 집에도 어울리는 것'을 기준으로 고릅니다. 크기는 물론 디자인까지 어떤 공간에든 맞추기 쉬운 심플한 것을 선택합니다. 그리고 정기적으로 물건의 총량을 재검토하고 있습니다.

'만약에 이사를 한다면 무난하게 짐을 쌀 수 있을 정도의 양인가?'라는 관점으로 물건의 양을 확인하는 것은 미니멀한 상태를 유지하는 데 도움이 됩니다.

5 책과 잡지를 돌려본다

한 달에 한 번 정도 저희 집에 오시는 친정 엄마. 저와 엄마는 취향이 비슷해서 제가 좋아서 구입한 책이나 잡지를 엄마도 좋아하십니다. 만약에 엄마가 갖고 싶은 책이 있다고 하면 드립니다. 엄마는 집으로 가지고 가서 천천히 읽은 다음, 친한 친구에게 나눔을 하신다고 합니다. 이런 식으로 제가 좋아서 구입한 책이 여러 사람에게 전달되는 것은 작은 기쁨이기도 합니다.

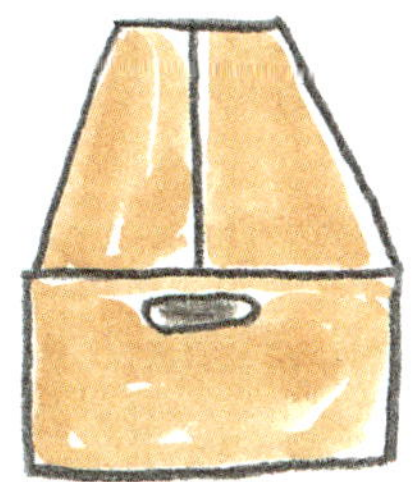

27

상비약은 심플하게
최소한으로 갖춘다

상비약이 있으면 안심이 됩니다. 하지만 가능하면 약에 의지하지 않고 살고 싶습니다. 주위에서 쉽게 구할 수 있는 음식이나 자연의 것으로 컨디션을 조절하고 싶어요. 그런 관점으로 저희 집의 상비약을 재검토했어요. 그 결과, 시판 감기약과 위장약 대신에 마누카꿀과 매실엑기스를 늘 서랍 속에 넣어두기로 했어요. 감기는 초기 대처가 중요합니다. 아이가 '목이 아프다'고 하면 바로 마누카꿀을 먹입니다. 고작 한스푼의 마누카꿀이지만 마치 마법처럼 목의 통증이 가라앉습니다. 작년에는 독감이 맹위를 떨쳐서 큰딸의 반이 학급 폐쇄가 되었습니다. 절반에 가까운 아이들이 독감에 걸렸지만 매일 마누카꿀(+20)을 먹은 덕분인지 딸은 감염되지 않고 건강하게 보낼 수 있었습니다.

딱 그 무렵, 친정에서는 새언니와 조카들이 차례대로 노로바이러스에 걸렸습니다. 함께 사는 친정부모님도 감염될 가능성이 컸지만 마누카꿀과 매실엑기스 덕분인지 두 분 모두 무사히 겨울을 넘길 수 있었다고 합니다.

또 최근에는 큰아들의 스테로이드 약을 없앴습니다. 큰아들은 겨울부터 봄에 걸쳐 특히 눈 주위의 건조가 심해집니다. 그래서 이 시기에는 스테로이드가 필수품이었어요. 올해야말로 약에 기대지 않도록 어떻게든 낫게 해주고 싶다고 생각하던 참에 막내아들의 등에 물사마귀가 생겼습니다. '물사마귀에는 율무차가 효과가 있다'는 친구의 말을 듣고 수분을 보급하는 모든 수단을 '율무차'로 바꿔보았습니다.
그래서 가족 모두가 율무차를 열심히 마셨는데 재미있게도 막내의 물사마귀보다 먼저 효과를 본 것이 큰아들이었어요. 하얀 가루를 뿌린 것같이 건조했던 눈 주위가 율무차를 마시고 며칠 만에 개선되고 일주일을 지났을 때는 보습제를 바르지 않아도 될 정도까지 좋아졌습니다.
율무차는 어른의 사마귀, 기미와 주근깨에도 효과가 있다고 하니 저도 당분간 마셔보려고 합니다.

쌀 3컵(발아현미)에 평상시대로 밥물을 붓고 율무차 (끓임용) 1팩을 넣어 밥을 합니다.

율무차의 향을 살짝 느낄 수 있는 우리집 발아현미 밥. 물론 백미로도 맛있게 지을 수 있어요.

상표에 연연하는 성격은 아니지만 요즘 마시는 것은 Chasandai(茶三代一)의 시마네현(島根県)산 율무차.

침출 율무차를 늘 병에 담아두고 마십니다. 심플한 형태에 사용하기 편한 무인양품의 '아크릴 냉수병' 을 애용해요.

1·2 마누카꿀. 봄부터 가을까지 [+15]를, 감기와 독감이 유행하는 겨울엔 [+20]을 상비해두면 안심입니다. 휴대용으로는 일회용 사이즈인 소량팩을. 3 오키나와의 지인이 알려준 대마씨유(햄프시드오일). 매일 1큰술 정도를 먹 으면 컨디션이 좋아집니다. 제가 구입하는 것은 햄프치킨의 '유기농 대마씨 유' 4 매실엑기스. 사진 왼쪽은 환타입으로 여행할 때 가지고 다닙니다. 아 이들도 시지 않은 환타입을 더 편하게 먹습니다. 오른쪽은 농축액으로 뜨 거운 물에 녹여서 마십니다. 속이 안 좋을 때 마시면 병증이 가라앉습니다.

거실 서랍 한 칸이 우리집 약상자. 약과 체온계, 면봉 등이 들어있습니다.

1

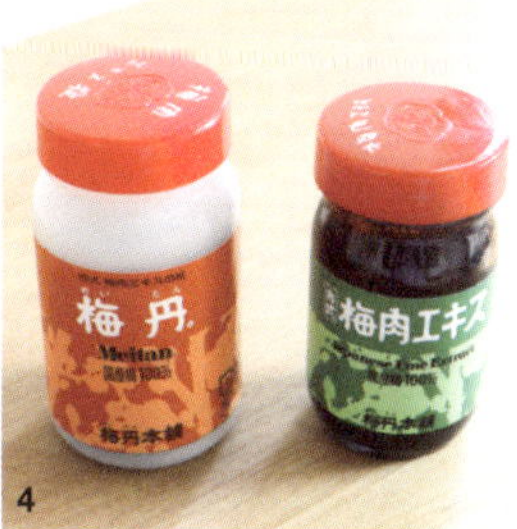

2

3

4

28

간식은 견과류와 말린 과일로
심플하고 건강하게

하와이와 캘리포니아에서 살 때, 거의 매일같이 '홀푸드 마켓'이라는 유기농 슈퍼에 들렀어요. 자연식품과 유기농 상품을 주로 취급하는 곳으로 현지에서도 인기 있는 슈퍼입니다.

거기서 가장 마음에 들었던 것은 견과류와 말린 과일을 무게로 달아서 파는 코너. 견과류만해도 10여 종 이상이 있어 보기만 해도 즐거워져요. 우리에게도 무척 친숙한 스무디와 디톡스워터의 발상지는 미국 서해안. 이곳 사람들은 신선한 채소와 과일을 일상적으로 섭취하는 한편, 견과류와 말린 과일도 자주 자주 챙겨먹는다는 것을 알게 되었습니다.

밀폐용기에 아몬드, 크랜베리와 건포도 등을 넣어 다니면서 간식으로 먹는 아이들도 많이 보았습니다. 직접 만든 간식도 좋지만 여유가 없을 땐 아이들에게 견과류나 말린 과일을 간식으로 줍니다. 간단하고 영양도 풍부해 안심입니다. 또 출출할 때 가볍게 집어먹을 수 있도록 아몬드와 크랜베리를 식탁 가까이에 항상 놓아두고 있습니다.

요리는 본연의 맛을 살려 심플하게

냄비 하나에 자투리 채소를 전부 넣고 끓이는 수프. 다양한 채소를 넣기 때문에 맛에 깊이가 생깁니다. 스튜나 카레를 만들어요.

토마토(잘게 자른 생토마토 또는 홀 토마토)를 넣으면 토마토 수프가 됩니다. 반은 그냥 토마토 수프로 먹고 나머지는 병에 담아 보관했다가 나중에 카레를 넣어 토마토 카레를 만들어 먹습니다. 토마토 카레는 가족 모두가 좋아하는 메뉴입니다.

오븐구이는 식탁에 자주 올리는 우리집 단골요리. 내열접시에 채소를 올리고 소금, 후추, 올리브유를 뿌린 다음, 200도 오븐에서 25분 정도. 채소의 크기에 따라 굽는 시간을 조절합니다. 법랑 바트는 식탁에 그대로 올릴 수 있어서 아주 편리합니다.

간식으로 만든 구운 감자. 슬라이스 한 감자를 겹치지 않게 올려놓고 소금을 뿌립니다. 250도 오븐에서 10~15분 구우면 완성. 감자의 단맛이 느껴져서 정말 맛있어요.

자주 먹는 병샐러드. 먼저 드레싱을 붓고 드레싱에 절여져도 맛있는 재료(양파, 당근, 옥수수)를 넣은 후, 마지막에 잎채소를 넣어줍니다. 샐러드를 미리 만들어 둘 수 있어 정말 편해졌습니다.

29

선물은 '물건 이외의 것으로' 협의한다

가족의 생일이나 기념일에는 선물을 해서 기쁘게 해주고 싶기 마련입니다. 특히 미국에서는 무슨 일이 있을 때마다 선물을 주는 것이 일반적이고 크리스마스같은 때는 '선물은 산처럼 많은 것이 좋다.'라는 사고방식을 가지고 있습니다. 아이들에게 뿐만아니라 가족 친척, 친구에게도 많은 선물을 보냅니다.

남편이 미국인이라 저희 집도 서로 선물을 교환하는 것이 오랜 습관이었습니다. 하지만 생활을 미니멀하게 바꾸는 중에 선물의 필요성에 대해서도 남편과 차분하게 협의했습니다.

중요한 것은 서로를 생각하고 배려하는 것. 그리고 감사와 사랑의 마음을 표현하는 것. 마음을 드러내는데 물건은 필요없다는 것. 만약 선물하고 싶은 물건이 있다면 꽃이나 음식처럼 남지 않는 물건을 선택할 것. 둘이서 그렇게 정했습니다.

2월 발렌타인 데이에 저는 남편과 아들에게서 꽃을 받았습니다. 생일에는 아이들이 직접 만든 생일카드와 함께 근처 호텔 레스토랑에서 점심뷔페를 먹으며 축하를 받았어요.

남편 생일에는 아이들과 제가 남편이 무척 좋아하는 커피와 와인을 선물했지요. 아이들에게 주는 선물도 미국식으로 무작정 많이 주는 것이 아니라 갖고 싶은 것 중에서 하나만 선택하도록 했습니다. 깜짝 선물을 주는 것도 재미있겠지만 본인에게 갖고 싶은 것을 묻거나 크리스마스 전에는 위시리스트를 만든 다음, 어떤 것을 받고 싶은지 쓰라고 합니다.

일 년에 여러 번 있는 기념일이나 행사에는 가능한 '물건 이외의 것'으로 마음을 전한다는 규칙 덕분에 미니멀한 생활을 더욱 쉽게 지속할 수 있게 되었습니다.

30

집안일은 아이가 '좋아하는 것'부터
가르친다

아이 셋을 데리고 미국에서 살면서 일본과 미국은 육아와 가정교육 방법이 완전히 다르다는 것을 느꼈습니다. 미국에서는 어린 아이라도 '한사람의 개인'으로 대등하게 대합니다. 부모의 희망과 가치관을 아이에게 투영시키는 교육은 없습니다. 아이가 스스로 정한 것을 존중하고 그 개성을 키워주는 교육이 일반적입니다.

부모가 마음대로 보습학원에 보내거나 예체능을 가르치는 일도 없습니다. 큰아들이 공부에 그다지 흥미가 없고 미국에서 일본으로 돌아와서 학습적인 면이 걱정되던 시기가 있었습니다. 그래서 "보습학원에 다녀 볼래?"하고 물으니 답은 "아니요."

몸을 움직이는 것을 좋아하는 큰아들은 지금 가장 좋아하는 테니스에 열중하고 있습니다. 아이의 장래희망은 테니스 선수가 되는 것. 공부 걱정은 이제 완전히 접고 숙제를 할 때 가끔 돕는 정도만 신경쓰기로 했습니다. 그리고 '아들이 하고 싶어하는 것을 응원한다'라고 마음을 정했습니다.

아이들의 집안일
큰아들 : 흰옷 다림질, 쓰레기 내놓기, 화장실 청소
큰딸 : 현관 청소, 거실 정리, 테이블 닦기
막내아들 : 현관 신발정리, 식사 후에 그릇 치우기

일주일에 한번은 요리를 하는 5학년 큰아들.
얼마 전엔 실과시간에 배운 채소 수프를 만들어주었습니다.

　　미국은 학교 성적보다 학생 한 사람 한 사람의 개성을 길러주는 교육이 주류입니다.

　　그리고 가족 일원으로서의 '일'도 확실히 하도록 가르칩니다. 학교에서 돌아오면 '공부가 먼저'가 아니라 '집안일(chores)'을 하는 것을 중요하게 생각합니다. 우리 집도 5학년 큰아들이 학교에서 쓰는 급식 당번용 흰옷을 다림질하거나 휴지통 비우기를 분담하고 있습니다.

　　물론 공부도 중요합니다. 하지만 거기에만 중점을 두고 싶지는 않습니다.

　　타고난 아이의 개성을 키워주고 집안일도 돕는 아이로 키우며 그렇게 함께 살아가고 싶습니다.

처음에는 너무 작은 것은 아닌지 걱정했던 장난감 상자(무인양품의 파일박스, 와이드형)였지만 구입하고 1년이 지나고 3명에게 있어서 딱 좋은 사이즈라는 것을 알았습니다. 늘 솔선하여 정리하는 큰딸에게 도움을 많이 받아요.

큰아들의 테니스 세트. 일주일에 3~4번 집 가까이에 있는 테니스교실에 다니고 있습니다.

막내아들은 화분에 물주기를 좋아합니다. 어린 아이도 쉽게 사용할 수 있는 PLASTEX(핀란드)의 물뿌리개, 0.75L를 애용하고 있어요.

31

내가 변하면 가족도 변한다

미니멀라이프를 시작한 지 딱 1년이 되던 봄에 생긴 일입니다.

물건 사기를 좋아하는 딸이 갑자기 '방을 깔끔하게 바꾸고 싶어요.'라고 선언했습니다.

기본적으로 아이들 물건에는 참견을 하지 않고 가족에게 미니멀라이프를 강요하지 않겠다고 결심하고 있었는데 갑작스런 딸아이의 심경변화에 깜짝 놀랐어요.

"깔끔하게 치우고 싶은데 어떻게 해야할지 모르겠어요. 엄마가 좀 도와주세요." 라며 저에게 도움을 청해왔습니다.

초등학교 1학년인 딸이 이해하기 쉽도록 "좋아하는 것은 남기고 좋아하지 않는 것은 버리도록 해봐."라고 말해주었습니다. 그 다음에 "좋아하지만 잘 안 쓰는 물건은 눈 딱 감고 없애는 게 좋아."라고만 알려주고 쓰레기봉투를 몇 장 건넨 다음, 방을 나왔어요.

몇시간 뒤, 딸아이방을 보니 몰라보게 깔끔해지고 방 한구석에는 쓰레기봉투 3장 분량만큼의 물건이 놓여있었습니다. 전엔 제가 물건 버리는 모습을 보면서 "왜 그렇게 버려요? 아깝잖아요."라며 항의하던 딸이었습니다. 어쩌면 제가 깔끔하고 즐겁게 생활하는 모습을 곁에서 지켜보면서 딸아이도 뭔가를 느낀 게 아닐까 하는 생각이 들었어요.

한편, 저희 집 최고의 물건부자인 남편에게도 변화가 있었습니다. 더 이상 옷은 사지 않게 되었어요. 옷장 속엔 여전히 많은 옷으로 가득 차 있지만 전처럼 펑펑 구입하지 않게 된 것입니다. 그리고 옷 수납도 뭐가 어디에 있는지 알기 쉽게 배치를 바꾸고 있습니다. 사람은 좋든 싫든 주변 사람의 영향을 받기 마련입니다. '미니멀 라이프를 시작하고 싶다.' 라는 생각이 들었다고 해도 가족의 물건까지 마음대로 처분하지 마세요. 그리고 우선은 할 수 있는 범위에서 자기 물건을 줄여보세요. 스스로 먼저 실천하면서 깔끔해진 생활을 즐기는 거예요. 그러다보면 차츰 그 즐거움과 산쾌함이 가족과 주변으로도 전달될 것입니다.

집안일이 편해지는
아이디어

오사요 씨(후쿠오카현 거주)

PROFILE

어떻게 하면 어린아이를 키우면서도 집안일을 효율적으로 잘 해낼 수 있을까, 그 아이디어를 나누고 싶다는 생각에서 인스타그램을 시작했다. 오사요 씨의 현재 팔로워 수는 10만 명 이상. 7살 아들, 4살 딸, 남편과 함께 후쿠오카에서 살고 있다.

아침식사를 준비하고 남편과 아이들의 도시락을 싼 다음, 청소와 세탁을 하다보면 눈깜짝할 사이에 점심시간. 아이들이 돌아오고 서둘러 저녁밥을 짓습니다. 엄마의 일상은 언제나 할 일로 가득 차 있습니다.

이렇게 살다보면 문득 뭔가에 쫓기고 있는 것 같은 기분이 들 때가 있습니다. 오사요 씨는 그런 상황에 빠지지 않도록 방지해주는 것이 '망설임을 줄이는 집안일 시스템'이라고 이야기합니다. "하나하나의 집안일을 단순화했어요. 그렇게 저에게 부담이 되지 않고 기분 좋은 매일의 규칙을 정했더니 더 이상 집안일에 쫓기지 않게 되었어요."

　예를 들어 매일 청소. 우선 아침에 일어나면 세면대는 3분, 화장실은 5분 동안 싹 닦습니다, 남편과 아들이 회사와 학교에 간 다음, 딸을 유치원에 데려다 주는 시간까지 주방을 정리합니다.

　핸디 먼지털이개로 먼지를 터는 데 3분, 청소기 돌리기 5분, 그러고나서 마루용 물걸레밀대로 10분 걸레질. 각각의 청소에 걸리는 시간이 겨우 3~10분이라는 것을 알게 된 것은 큰 깨달음이었습니다. "순서가 정해져 있으면 차분하게 움직일 수 있기 때문에 시간을 효율적으로 쓸 수 있어요." 라고 말하는 오사요 씨.

32
아이 스스로 정리하도록 구조를 만든다

수납은 될 수 있는 한 심플하게. 처음 이 방에 들어온 사람이
라도 정리할 수 있을 정도로 알기 쉽게 정리되어 있습니다.

직접 작성한 '월간 청소 체크리스트'도 도움이 됩니다. 이것은 어디를 청소
했고 어디가 아직인지를 한 달 단위로 정리한 리스트. 각 장소마다 청소가 끝
났으면 체크를 합니다. 전부 체크가 됐다면 집 전체가 대강 깨끗해졌다는 의
미. '아, 부엌 싱크대 위가 더러워졌네. 닦아야하는데… 아, 귀찮아…. 어 배수
구도 더럽잖아. 마지막에 청소한 게 언제였더라?"과 같이 이것저것 생각하거나
망설이는 시간을 줄이기만 해도 기분이 상당히 가벼워집니다.

컬러박스에 바구니를 넣어 장난감 상자로 씁니다.
바구니 안에 든 물건을 사진 찍어 붙여둡니다.

이렇게 하면 어디에 무엇을 정리해야 하는지 바로 알 수 있습니다.

연말에 대청소도 따로 하지 않습니다. 또한 집안일이 쉽게 굴러가도록 가족이 참여하는 시스템을 만들었습니다.

부엌에서는 용기와 놓을 자리에 라벨을 붙여 내용물과 제자리를 명확히 표시했습니다. 예를 들면 냉장고 속에도 '마요네즈'라고 쓴 라벨을 붙여놓는 식입니다. 이렇게 하면 누구라도 쉽게 제자리에 둘 수 있습니다. 3개의 행주걸이에는 '테이블', '주방', '식기'라고 쓴 라벨이 붙어있습니다. 또 사야할 일용품 메모는 가족 모두가 함께 적습니다.

33
쇼핑리스트는 접착식 메모지에

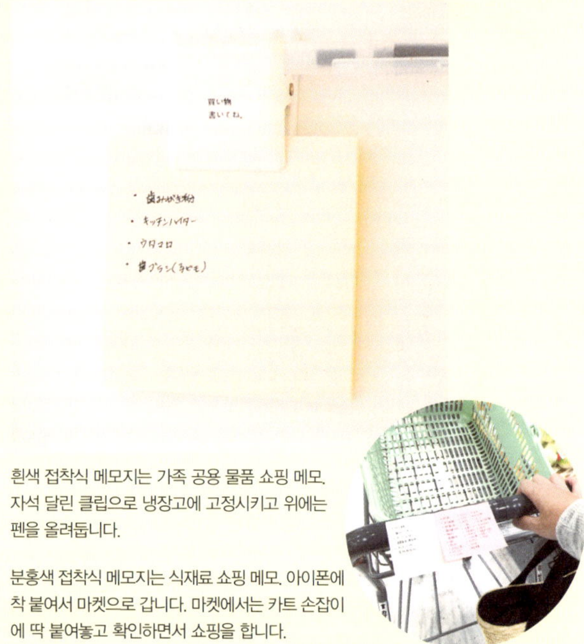

흰색 접착식 메모지는 가족 공용 물품 쇼핑 메모.
자석 달린 클립으로 냉장고에 고정시키고 위에는
펜을 올려둡니다.

분홍색 접착식 메모지는 식재료 쇼핑 메모. 아이폰에
착 붙여서 마켓으로 갑니다. 마켓에서는 카트 손잡이
에 딱 붙여놓고 확인하면서 쇼핑을 합니다.

  냉장고에 흰색 접착식 메모지를 붙여놓는데, 예를 들어 한 개씩만 저장해두
는 일용품을 다 쓴 마지막 사람이 '비누'라고 써 넣습니다. 그리고 주말 쇼핑에
그 메모를 챙겨 구입하는 식입니다.

  집안 곳곳마다 보석같은 아이디어가 숨어있는 오사요 씨의 생활. 그 아이디
어의 원동력은 무엇인지를 물었어요.

  '소중하게 쓰고 싶은 시간에 초점을 맞추기 위해서'라는 대답이 돌아왔습니
다. 생활을 심플하게 만들면 그만큼 여유가 생겨서 자신에게 소중한 시간과 충
분히 마주할 수 있다고 말합니다.

34
한 주의 일정은 한데 모아 자석칠판에 붙여둔다

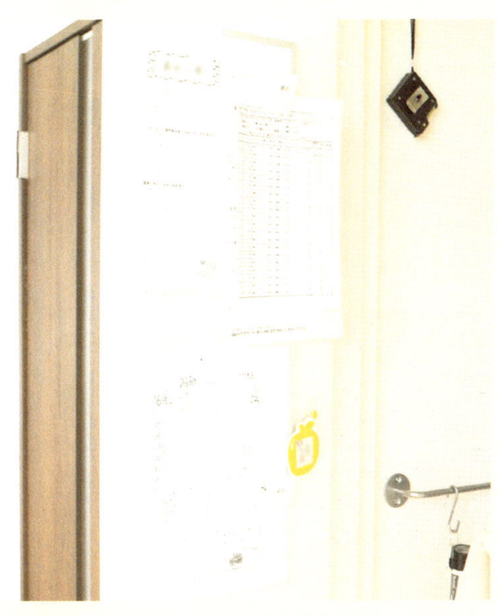

한 주의 일정과 안내문은 자석칠판(다이소)에 붙여놓습니다. 위쪽이 아들용, 아래는 딸용. 여기에 붙였던 프린트류는 주말이 되면 처분. 연락망처럼 장기보관이 필요한 것은 바인더에 한데 모아둡니다.

"저에게 소중한 시간은 아이들과 보내는 시간이에요. 아이들과 친밀한 시간을 많이 보내고 싶어요. 그리고 아이들이 잠든 후에 남편이 내려주는 커피를 마시면서 그날 있었던 일들을 한께 이야기합니다."

남편과 보낼 수 있는 시간은 정해져 있습니다. 그럴수록 아이디어를 내서 낮동안 집안일을 빨리 끝내고 밤에는 둘만의 시간을 갖고 싶습니다. 그날 아무리 안 좋은 일이 있었어도 남편과 대화를 하다보면 마음이 가벼워지면서 리셋된다고 합니다. 이렇게 멋진 부부가 또 있을까요? 마음을 허락할 수 있는 가족과 느긋하게 이야기하며 자신을 재충전하면 또 새롭고 소중한 하루를 맞이할 수 있는 힘아 생깁니다.

35
아침 식단을 패턴화한다

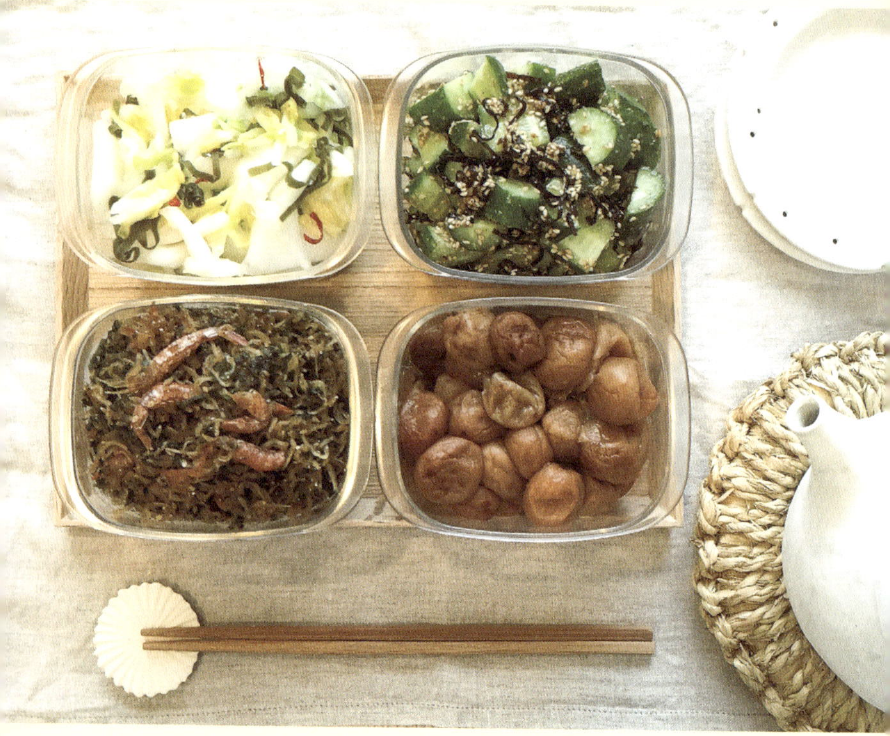

아침식사용 밑반찬을 만들어둡니다. 단골메뉴는 연어플레이크(구워서 뼈를 발라낸 것), 멸치와 청채를 볶은 것 등, 밥에 뿌려서 먹을 수 있는 '홈메이드 후리카케'. 여기에 된장국을 더하면 영양균형도 잘 맞는 아침식사 완성. 후리카케를 좋아하는 아이들이 밥을 잘 먹어서 설거지거리도 줄었습니다.

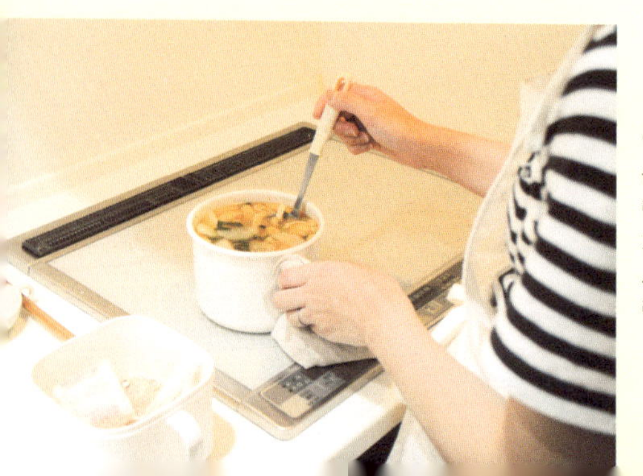

일본식을 좋아하는 남편을 위해 매일 아침 꼭 끓이는 된장국. 집에서 만든 가루조미료(가다랑어, 쪄서 말린 날치, 다시마, 말린 표고로 가루를 낸 것)를 사용하므로 국물을 우리는 시간이 들지 않습니다. 노다호로의 손잡이달린 법랑 저장용기를 냄비 대신 사용합니다.

36
반찬은 주말에 만들어둔다

주말에 한꺼번에 쇼핑을 한 다음, 반찬을 몇 개 만들어둡니다. 닭고기 튀김은 밑간을 해놓고 전갱이튀김은 빵가루까지 묻혀서 냉동해두면 먹을 때 튀기기만 하면 되지요.

밑반찬이 있으면 평일 식사준비가 훨씬 수월해져 마음에 여유가 생깁니다.

Chapter 4

생활을
시각화하는
아이디어

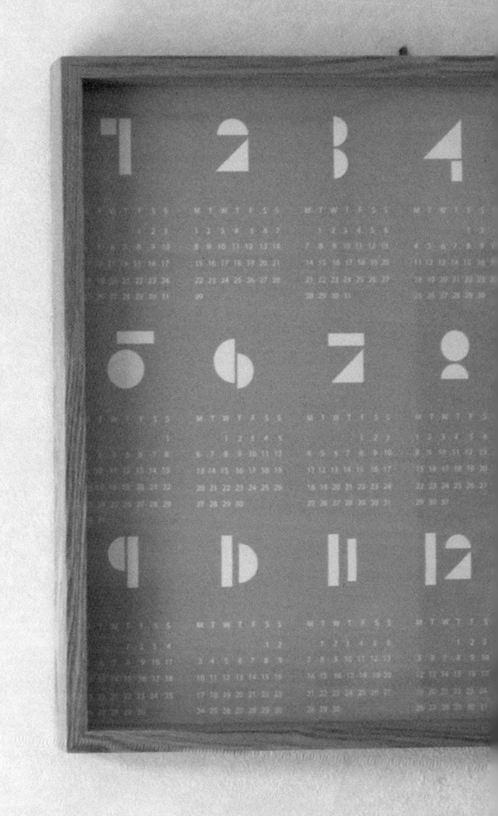

37

하루의 일과를 한눈에 보이게 써본다

하루 24시간. 요리, 정리, 세탁, 청소, 아이들 등하교, 학교 행사, 게다가 업무까지. 할 일이 너무 많아서 무엇부터 손대면 좋을지 혼란스러울 때, 하고 싶은 일까지 놓치지 않을 때가 자주 있었습니다. 그런 매일을 변화시켜 준 것이 바로 '메모'였어요. 어렸을 때부터 '쓰는 것'을 좋아해서 노트나 스케줄수첩에 종종 생각난 것들을 메모하곤 했습니다.

아이가 태어나면서 갑자기 사라져버린 나만의 시간.

세 아이의 육아에 쫓기면서 시간 관리의 필요성을 절실하게 느꼈습니다. 특히 막내아들이 태어나고 얼마 되지 않았을 때는 정말 힘들었어요.

그때 시작한 것이 아침에 일어나자마자 일단 써보는 일이었습니다. 내 기분과 하루의 스케줄을 노트에 써내려 갔어요. 예를 들면 막내가 2살일 때 오전 일과의 흐름은 다음과 같은 느낌입니다.

6시 기상

6시 15분 ~ 7시 아침식사 준비, 도시락싸기

7시 아침식사, 큰아들과 큰딸을 초등학교와 유치원에 데려다주기

8시 30분 설거지, 청소, 세탁

9시 30분 막내아들을 유모차에 태워서 산책

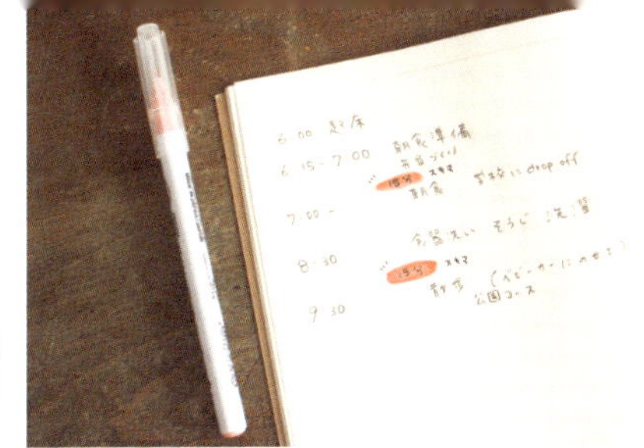

아침에 조금 일찍 일
어나서 차를 마시며
노트를 적습니다.

　이렇게 하루의 흐름을 쓰고 보니 이따금 틈새시간이 생긴다는 것을 알게 되었어
요. 예를 들면 도시락을 다 싸고 15분. 청소와 세탁이 끝난 뒤 막내가 혼자서 장난감
을 가지고 노는 사이. 시간을 적어서 '시각화'하면 틈새시간의 발견이 쉬워집니다.
만약 15분이 생겼다면 홍차 한 잔을 마시며 한숨 돌릴 수 있습니다. 5분이 있으면 청
소기로 거실을 쓱 밀 수 있습니다. '아, 도대체 시간이 없어, 없어.'라고 생각만하면
시간은 정말 없는 상태 그대로입니다. 하지만 시각화시킨 시간을 가만히 분석해보
면 약간의 시간이라도 찾아낼 수 있습니다.

38

가진 옷은 일러스트화 해서
옷장을 관리한다

필요한 만큼만 옷을 가지고 싶다거나, 망설일 필요없이 입을 옷을 선택하고 싶다면 가지고 있는 옷 전부를 노트에 적어보세요. 거기에 일러스트를 첨부하면 더욱 좋습니다. 가진 옷을 파악하려고 해도 전부를 기억해내는 것은 꽤 어려운 일입니다. 그리고 안 보이면 잊어버리기 쉽지요. 그럴 때 유용한 것이 직접 그린 일러스트입니다. 제가 사용하는 노트는 들고 다니기 편리한 A5사이즈의 방안 노트. 일러스트는 연필로 그리고 마지막에 색연필로 간단하게 색칠합니다.

봄 여름 가을의 상의, 겉옷, 하의, 겨울 상의, 하의, 원피스. 제가 가지고 있는 모든 옷이 6페이지에 정리되어 있습니다.

노트를 펼치면 바로 옷의 가짓수를 알 수 있으니 무엇이 부족한지 바로 파악할 수 있고 어떻게 코디할지를 생각해볼 수 있습니다. 이것은 자신의 취향을 새롭게 발견하는 데까지 이어집니다. 또 노트를 보면서 쇼핑을 하면 냉정하게 판단을 내릴 수 있어 사놓고 입지 않는 옷이 줄어듭니다.

일러스트를 그리는 요령

- 펜보다는 연필로 그리면 수정할 수 있어서 좋다.

- 노트 사이즈는 조금 작은 것이 사용하기 좋다(A5정도).

- 방안노트를 사용하면 균형감있게 그리기 좋다.

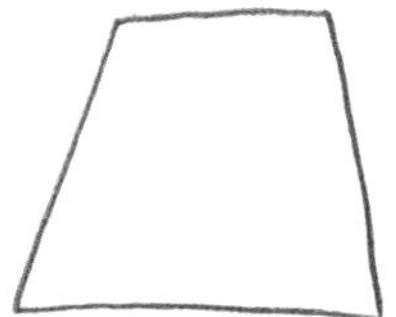

1 대략적인 형태를 그린다
(사다리꼴을 그린다).

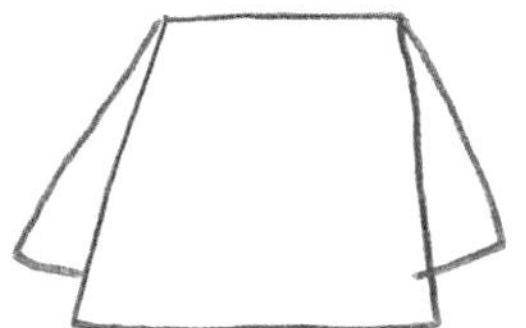

2 소매를 그린다.

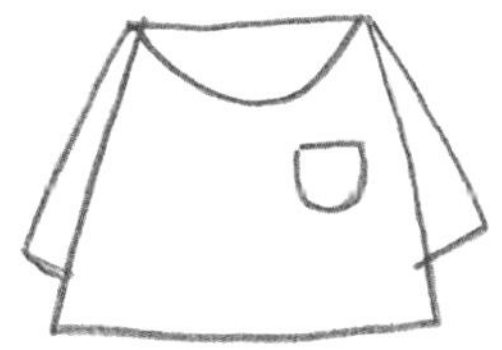

3 칼라와 단추, 모양 등
세세한 특징을 그린다.

20~23쪽에서 소개한 일러스트는
이런 식으로 노트에 정리했습니다.

새로 산 옷을 일러스트로 그려 마스킹테이프로 붙여줍
니다.

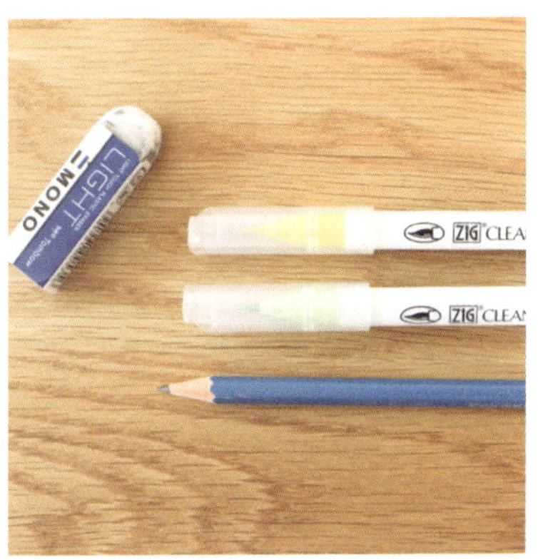

펜으로 색칠하고 싶다면 'ZIG CLEAN COLOR Real
Brush'를 추천. 얇은 종이에 색칠해도 뒷면에 비치치 않
고 발색도 깔끔합니다.

39

인테리어, 쇼핑 전에
그림으로 그려본다

예를 들어 방의 가구 배치 변경. 움직이기 전에 우선 어떤 식으로 배치하고 싶은지 종이에 그립니다. 노트에 방 배치도(직사각형)를 그린 다음, 창문과 문의 위치를 그려 넣고 가구를 플러스합니다. 테이블은 가능한 밝은 곳에 두고 싶으니까 남쪽 창문 옆에. 액자에 넣은 포스터는 색의 밸런스를 생각해서 소파 위쪽에 걸어주는 게 좋겠지. 그러다가 마음에 들지 않으면 지우개로 지우고 다른 위치로 옮겨 그려봅니다. 실제로 가구를 들고 이쪽저쪽으로 이동하지 않고 끝낼 수 있으니 참 편합니다.

또 쇼핑리스트에도 간단한 일러스트를 추가하곤 합니다. 새로운 '베개커버'가 필요할 때, 쇼핑리스트에 '베개커버'라고 쓴 다음, 글씨 옆에 베개의 모양을 간단하게 그리고 가로 세로의 길이를 써넣는 식입니다.

'리넨소재', '가능하면 시원스러운 블루(스트라이프도 OK)' 등, 생각나는 것은 모두 적습니다. 원하는 물건을 그림으로 그려 노트에 써두면 많은 물건 중에서 '이거다!'라고 생각하는 물건을 쉽게 가려낼 수 있습니다.

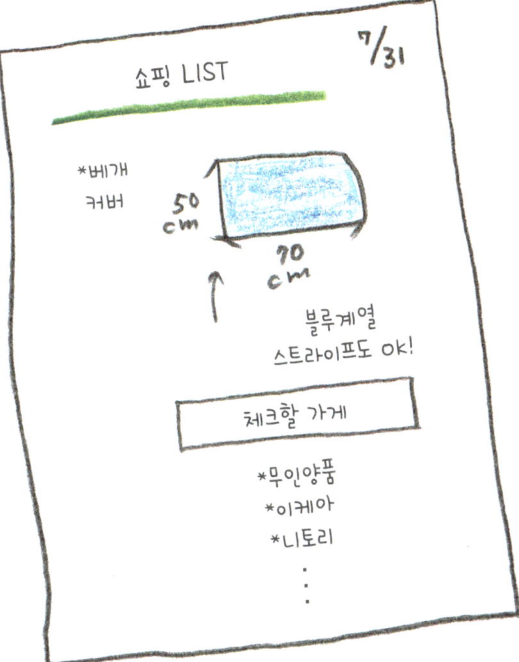

쇼핑 LIST
7/31
*베개
커버
50
cm
70
cm
블루계열
스트라이프도 OK!
체크할 가게
*무인양품
*이케아
*니토리

40

일상에 그림을 더한다

일상을 조금이라도 즐겁게 만들 수 있는 아이디어는 사람마다 다르겠지요. 제 경우에는 운전을 하면서 좋아하는 음악을 듣거나 책이나 잡지를 읽으면서 허브티를 마시는 것. 목욕 후에 아이들과 서로 마사지를 해주는 것입니다. 그리고 '직접 만들기'도 제겐 빼놓을 수 없는 즐거움입니다. 인테리어를 좋아해서 일러스트를 사용한 잡화를 자주 만듭니다. 이런 일러스트를 그리고 싶다는 생각이 떠오르면 가만히 있지 않고 며칠 안에 형상화합니다.

펜을 놀리면서 모티브를 그리고 어떤 색을 입힐까를 생각하면 가슴이 두근거립니다. 얼마 전에는 무지 사각 컵받침(종이제)에 색연필과 펜으로 모티브 일러스트를 그려서 이 세상에 하나뿐인 컵받침 몇 장을 만들었습니다.

평소에는 거실의 흰색 캐비닛 속에 넣고 장식과 동시에 수납하고 있습니다. 또 무늬없는 심플한 노트나 편지지엔 작은 일러스트를 곁들여줍니다. 그러면 순식간에 따뜻한 느낌이 됩니다. 심플한 집 모양이나 꽃이나 나무 등의 자연 모티브, 북유럽 느낌을 내고 싶을 때는 달라호스를 그립니다.

제가 일러스트를 그리고 있으면 옆에서 아이들도 자주 그림을 그립니다. 상상력이 풍부한 아이들은 어른이 좀처럼 흉내낼 수 없는 선명한 색을 사용합니다. 또 대담함을 가지고 있습니다. 딸은 산뜻한 비타민 컬러를 좋아합니다. 크레용으로 그린 딸의 그림은 액자에 넣어서 벽에 걸어두었습니다 (113쪽 사진).

종이 컵받침에는 폭이 넓은 마스킹테이프를 붙이기도 합니다. 미나페르호넨 (Mina perhonen)의 탬버린무늬를 좋아합니다.

4-1

소원 노트를 쓴다

아침에 노트를 펴고 그날의 스케줄을 적는다는 것은 112쪽에서 말씀드렸지만 그 외에도 여러 가지 경우에 노트를 활용하고 있습니다. 그 중 하나가 소원을 적는 노트입니다.

'소원을 쓰면 이루어진다'라는 말은 자주 들었지만 매일매일의 체험 속에서 그것을 실감하고 있습니다.

예를 들면 요코하마로 이사가 정해졌을 때, 곧바로 '공원이 많아 아이들 키우기 좋은 곳에서 살고 싶다!'라는 생각이 들었습니다. 그래서 '요코하마 ○○에 꿈꾸던 집을 발견했습니다!'라고 노트에 적어 넣었어요.

예산 문제도 있고, 부동산에서 그 지역은 빈집이 거의 나오지 않는다고 했기 때문에 남편은 포기하고 다른 지역의 물건을 찾기 시작했습니다.

오른쪽부터 '꿈노트', '초하루노트', '스케줄수첩'. '꿈노트'에는 이렇게 되면 좋겠다고 생각하는 것을 생각이 떠오르는 대로, '초하루노트'에는 한 달에 한번 초하룻날 원하는 것을 씁니다. 스케줄수첩에는 이루어졌다는 전제하에 여백 부분에 원하는 일을 적어 넣습니다. 예를 들면 '2장 원고를 술술 쓸 수 있었습니다!' 등.

그런데 일주일 후. 수많은 행운이 거듭된 끝에 살고 싶은 지역에 '이거야!'라고 소리칠 만큼 이상적인 집을 발견할 수 있었어요. 게다가 처음 제시됐던 집세의 반값으로 빌릴 수 있었습니다. 또 전작의 출판 때도 노트에 '책을 출판하게 되었습니다!'라고 쓰고 정확히 3주 후에 출판이 정해졌습니다.

노트 맨 앞에는 이미 소원이 이루어진 것으로 생각하고 이런 그림을 그렸습니다.

지금 이렇게 미니멀라이프를 즐기고 있는 것도 '나 다운 미니멀라이프를 즐기고 있습니다.'라고 노트에 적었던 그 소원이 이루어진 결과일지도 모릅니다.

저는 소원을 쓸 때 반드시 '이루어졌다는 과거형'으로 쓰고 있습니다. '○○가 되었습니다.' 거기에 더하여 '○○가 되어서 기뻐요.'라든지 '○○를 갖게 되어 행복합니다!'라고 이루어졌을 때의 기분까지 같이 씁니다.

이런 제 모습을 보고 큰아들과 큰딸도 '꿈노트'를 쓰기 시작했습니다. 국어를 어려워하는 큰아들은 '5학년 한자 전부를 간단하게 외웠습니다!'. 약간 부끄러움을 타는 큰딸은 '학교에 친구가 많이 생겨서 매일매일 즐거워요!'라고 쓰여 있는 것을 보고 뭔가 무척 행복해졌습니다.

하루하루를 바쁘게 지내다보면 마음속의 작은 두근거림이나 소망은 지나쳐 버리거나 다른 생각에 묻혀서 감쪽같이 사라져버리기 쉽습니다. 하지만 종이에 써서 명확하게 해두면 그 소망에 초점을 맞추게 되고 한 발짝 가까워질 수 있다고 생각합니다.

제2의 인생을
즐기는 아이디어

마샤 에미코 씨(오키나와현 거주)

PROFILE
1948년 오키나와현 출생. 오키나와 본섬의 북부에 있는 오지마 촌의 깊은 산속에서 남편과 둘이 산다. 자택 부지 안에서 카페 '가지마로'를 운영하고 있다. 카페 이름의 유래는 오키나와의 방언 '가지마로(모이다)'. 취미는 정원 가꾸기.

오키나와현 북부에는 장수마을로 알려진 오기미촌(大宜味村)이 있습니다.

오기미촌의 서해안에서 자동차로 약 10분, 얀바루의 구불구불한 산길을 올라가면 초록으로 둘러싸인 곳에 카페 '가지만로(gajimanro)'가 있습니다. 제가 이곳을 알게 된 것은 몇 년 전. 처음 오키나와에 장기체류할 때 우연히 카페 앞 도로를 지나게 되었어요. 사장인 마샤 에미코 씨가 '우리 집에서 보이는 이 멋진 경치를 많은 사람과 나누고 싶다. 오키나와 자연의 아름다움을 알리고 싶다.'는 생각에서 11년 전, 제2의 인생으로 시작한 작은 카페입니다.

처음 이 공간에 들어왔을 때, 어쩐지 무척 그리운 기분이 되었습니다. 목수인 남편이 지었다는 심플한 단층집. 카페 안에는 카운터에 의자가 몇 개, 그 안쪽으로 다다미와 테이블이 한 개 있을 뿐입니다. 쓸데없는 것은 어느 섯 하나 놓여있지 않고 개점과 동시에 창문과 문은 항상 열어놓습니다. 덕분에 카페 안은 산 속 공기가 순환되어 너무나 아늑하고 편안합니다.

"산과 정원의 경치가 주인공이라고 생각해서 카페 내부는 최대한 단순하게 마무리했습니다. 게다가 혼자 카페를 운영하다보니 청소하기 쉽도록 쓸데없는 물건은 거의 놓지 않았어요."

42

청소하기 쉽게 물건을 배치한다

편안하고 아늑한 공간의 비밀은 무척 깔끔하고 깨끗하게 청소가 되어있고 바람이 잘 통하는 것. 카페를 혼자서 꾸려나가기 위해 우선적으로 청소하기 쉽게 공간을 배치했습니다.

늘 정돈된 공간에서 있는 것을 중요하게 생각하는 에미코 씨. '청소=정화하는 것'이라는 생각을 바탕으로 매일 정성껏 청소합니다.

청소기는 거의 사용하지 않고 빗자루로 쓸고 마루는 구석구석 걸레질을 합니다. 세제를 쓰지 않아도 쌀뜨물로 마루와 부엌 싱크대 등을 닦으면 반짝반짝 윤이 난다고 합니다. 쌀뜨물에는 유분이 포함되어 있어 왁스 효과까지 있다고 하네요.

43
단순한 메뉴로, 만드는 이도 먹는 이도 즐겁게

메뉴의 가짓수를 줄여서 하나하나 여유를 갖고 맛있게 만들 수 있도록. 언제나 웃는 얼굴, 좋은 기분으로 손님을 대하는 것이 가장 좋은 대접이라고 생각합니다.

"메뉴도 심플합니다. 런치는 발효현미 주먹밥과 된장국 세트, 그리고 오키나와 도나도 피자뿐이에요."

피자를 주문하자, 피자 위엔 앞마당에서 딴 후치바(쑥)가 듬뿍 토핑되어 있습니다. 일반 쑥의 쓴맛이 없고 잎이 무척 부드러워서 바질같은 식감인데 정말 맛있었습니다.

"여기서는 몸이 안 좋을 때는 후치바를 먹어요. 모기나 곤충에 쏘였을 때도 후치바를 살짝 비벼서 쏘인 곳에 붙이면 가려운 증상이 없어진답니다."

44
상황에 따라 느긋하게 지낸다

손님이 오지 않으면, 그건 그것대로 ok. '아, 오늘은 손님이 적으니까 정원을 돌볼 수 있겠네!'하며 긍정적으로 받아들이는 에미코 씨. 굳이 목표는 세우지 않고 그냥 형편대로 경영하고 있습니다.

오기미촌 장수의 비밀은 이렇게 자연 음식을 먹는데 있는지도 모릅니다. 마을 산책 중, 90대의 할머니들이 건강하게 밭일을 하거나 바다에서 조개를 캐고 있는 모습이 눈에 띄었습니다. 카페 영업은 월요일부터 목요일까지. 금, 토, 일요일은 쉽니다.

보통은 손님들이 많은 주말에 문을 여는 게 상식같지만 에미코 씨의 생각은 반대. 주말에 카페를 열면 손님이 많아서 손이 모자랄 수 있고 손님을 기다리게 할 수도 있기 때문. 그러면 손님에게 미안해지기 때문에 주말은 쉰다고 합니다.

45
식물을 키운다

채소와 꽃을 키우면 생활에 활기가 생깁니다. 차로 마실 수 있는 하이비스커스와 장미와 같은 꽃 외에도 민트, 파슬리 등의 허브류도 키웁니다. 수많은 나비가 춤추는 카페 정원은 마치 동화 나라처럼 보입니다.

그런 부정적인 기분은 손님에게도 전달되므로 주말엔 아예 쉬는 것으로 정했다는 것입니다. "저는 손님과 대화하는 것이 무엇보다도 즐거워요. 저도 이제 70살이에요. 제 마음이 편안한 정도의 페이스로 제가 할 수 있는 범위에서 느긋하게 꾸려가고 싶어요."

이 카페에 단골이 많은 것도 이해가 갑니다. 저도 에미코 씨를 만나러 다시 오키나와에 갈 날을 손꼽아 기다리고 있습니다.

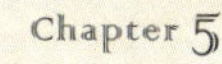

Chapter 5

마음까지 가벼워지는
아이디어

46

상쾌한 아침 시간을
만들기 위해 노력한다

절에서 태어나 자란 저에게는 아이 때나 지금이나 아침은 특별한 시간입니다. 할아버지의 독경소리와 통통 경쾌하게 울리는 목탁소리가 제 자명종시계였습니다. 눈을 뜨고 콩콩 계단을 내려가면 집안의 창문과 문이 다 열려 있고 약간 차가운 아침 공기가 코끝을 스쳤습니다. 먼지떨이로 미닫이문의 먼지를 털고 마지막으로 빗자루로 복도를 쓸고 계시는 할머니의 모습. 어린 마음에도 공간이 정돈되고 하루를 깔끔한 기분으로 시작하는 그 상쾌함이 무척 좋았습니다.

어른이 된 지금도, 아침엔 되도록 제 마음이 상쾌해지는 일을 한두 가지 해보려고 신경을 쓰고 있습니다. 상쾌한 아침 시간을 보내면 하루종일 그 좋은 상태가 유지되고 충실한 시간을 보낼 수 있다는 것을 알고 있기 때문입니다.

저속 착즙 방식의 주서기는 스크루를 천천히 회전시켜서 짜내기 때문에 재료의 단맛이 그대로 살아있습니다. 걸리는 것이 없어 쉽게 마실 수 있는 주스가 완성됩니다.

　아침엔 도시락과 식사 준비로 허둥지둥하기 쉽습니다. 하지만 아이들이 일어나기 30분 전에 일어나 나만의 시간을 가집니다.

　얼마 전부터 아침에 주스를 마시기 시작했습니다. 일어나면 먼저 저속 착즙식 주서기로 신선한 주스를 만듭니다. 저희 집 기본주스는 사과, 당근, 그리고 레몬을 넣고 짠 것입니다. 사과 2개, 당근 2개, 레몬 반개를 넣으면 5인분 주스가 완성됩니다. 일어나자마자 효소가 듬뿍 들어있는 금방 짜낸 주스를 마시면 좋은 컨디션으로 하루를 보낼 수 있어요. 전날 밤에 약간 과식을 했더라도 속이 개운하게 가라앉습니다. 아침이 기다려지는 기분 좋은 맛입니다.

47
감사한 마음으로 공간을 쓴다

"화장실을 사용할 때는 먼저 합장한 다음에 문을 열거라." 어렸을 때 할아버지가 그렇게 가르쳐주셨습니다. "어떤 공간이든지 감사의 마음을 가지고 사용하고 다 썼으면 단정히 정돈해 둘 것. 그것을 습관으로 만들면 자연히 마음도 정돈된다."라고.

제가 자란 집에는 부엌, 욕실, 화장실 등, 각방 입구에 감실이 모셔져 있었습니다. 어떤 공간에도 신이 계시는구나. 어린 마음에도 그렇게 믿었습니다.

어른이 되어 인테리어와 공간 디자인에 흥미를 갖게 된 것도 어린 시절에 장소를 소중히 여기던 습관에서 비롯된 것일지도 모릅니다.

장소에 대한 감사를 행동으로 드러내는 것이 '청소'입니다. 저는 어느 쪽이냐 하면 청소는 그다지 자신이 없는 분야였어요. 하지만 스님들의 이야기를 듣는 사이에 청소에 대한 생각이 바뀌었습니다.

선종에서는 화장실을 '동사(東司)'라고 부릅니다. 동사는 선종의 중요한 수행장소입니다. 사용하면서 지켜야할 여러 가지 엄한 작법이 있습니다. 예를 들면 '동사에 가려면 여유를 가지고 갈 것'처럼 화장실에 갈 때는 허둥대지 말고 여유를 가지고 갈 것. 또 삼묵도장(三黙道場 : 승방, 화장실, 욕실) 중 하나인 화장실에서는 침묵을 지켜야 한다는 규칙이 있습니다. 동사 청소는 수좌라고 불리는 수행승의 리더가 합니다. 그만큼 화장실 청소가 중요하다는 의미. 그리고 청소를 할 때는 가능한 감사의 마음을 가지고 합니다. 모두가 기분 좋게 사용할 수 있는 공간이 되길 바라는 소망을 담아서.

저도 매일 청소를 할 때, '지낼 곳이 있어서 참 행복하다.'라는 생각을 하곤 해요. 그러면 청소하는 것 자체가 점점 즐거워집니다. 참 신기한 일입니다.

48

언제 어디서나 마음을 다스릴 수 있는 '단숨 좌선'

걸으면서 하는 '행선'. 마음을 가라앉힐 수 있으면
작은 일에 연연하지 않게 됩니다.

본당 현관에는 게다 1켤레뿐. 늘 정돈된 공간을 유지하기 위해 매일 청소합니다.

올봄, 야마가타현 쓰루오카에 있는 조동종. 젠보사(善寶寺)에서 열린 좌선회에 참가했습니다. 조동종의 가르침의 뿌리는 '좌선'에 있는데, 앉아있는 것을 통해 심신을 조절하는 것이 가능하다고 합니다.

좌선이 끝난 후에는 뭐라고 말할 수 없는 상쾌함과 기분이 온화해지는 것을 느꼈습니다. 좌선은 절에 가지 않아도 어디에서든 손쉽고 간단하게 할 수 있습니다.

와타나베 선사가 가르쳐준 '단숨 좌선'은 단 한 번의 심호흡으로 좌선과 같이 심신을 개운하게 만들어 주는 좋은 방법입니다.

단숨 좌선은 서서 해도 괜찮습니다. 또, 차나 커피의 향을 맡으면서 또는 손수건에 아로마 오일을 한방울 떨어뜨리고 그 향을 맡으면서 하면 더욱 효과적이라고 하네요.

포인트는 스스로 '기분이 좋다'라고 느끼면서 하는 것. 매일 지속하다보면 시간을 점점 늘릴 수 있다고 합니다.

제 경우는 막내아들을 유치원으로 데리러 갈 때 걸어가면서 합니다. 유치원까지 가는 길은 초록으로 가득하고 이쪽저쪽에서 꽃향기가 풍깁니다. 느긋하게 걸으며 바람과 꽃향기를 마시고 길게 숨을 내뱉은 다음 미소를 짓습니다. 그래서인지 지나가는 분들이 웃는 얼굴로 인사를 건네는 일이 많아졌습니다.

단숨 좌선을 하는 방법

1 숨을 천천히 내뱉으면서 몸의 힘을 빼고 릴렉스한다.
  (코나 입, 어느 쪽으로 뱉어도 된다)
2 숨을 다 뱉었으면 자연스럽게 들어오는 숨을 마신다.
3 훗 하고 천천히 길게 숨을 내뱉은 다음 끝으로 웃는 얼굴을 만든다.
  (입꼬리를 올린다)

아이들이 거실에서 숙제를 할 때 '좌선용 방석'을 활용하고 있습니다. 텔레비전을 볼 때도 좌식 의자 대신에 쓰고 잠깐 누울 때 베개로 쓰는 등 다방면으로 활용합니다. 좌선용 방석에 앉으면 등줄기가 자연스럽게 쫙 펴져서 자세가 좋아집니다.

좌선을 할 때는 둥근 쿠션처럼 생긴 '좌선용 방석'을 사용합니다. 이것이 생각보다 쾌적해서 좌선용 방석 위에 책상다리(가부좌)를 틀고 앉으면 자연스럽게 등줄기가 곧게 펴지는 것을 느낄 수 있습니다.

49

하루에 5분
멍하니 있는 시간을 갖는다

단숨 좌선과 함께 또 하나 스님에게 배운 '마음을 개운하게 유지하는 비결'이 있습니다. 그것은 '하루 5분, 그냥 멍하니 있는다'는 것. 이것만으로도 좌선과 같은 효과가 있다고 합니다. 앉은 채로도 좋고 누워서도 좋습니다. 좋아하는 자세로 이것저것 생각하지 말고 그저 멍하니 있기, 그저 그것뿐입니다.

'멍하니 있는다'는 말은 어감이 그렇게 좋은 것은 아니지만 사실은 스트레스 해소, 기억력 상승, 마음의 안정 등 좋은 효과가 많다고 합니다.

멍하니 있을 수 있는 방법은 가지각색. 저는 일하는 사이사이 티타임 때 차를 마시면서 눈을 감고 멍하니 있습니다.

눈을 뜨고 해도 되지만 저는 눈을 감는 편이 머리를 텅 비우기 쉽더라고요. 아무리 '이것저것 생각하지 말고'라고 해도 눈을 감고 있으면 '오늘 저녁은 뭘 만들지'라든지 '어, 유치원에 몇 분 있다가 데리러가야 했더라?' 같은 잡념이 떠오릅니다. 여러 가지 생각이 머리에 떠올라도 깊이 생각하지 말고 가볍게 받아넘깁니다.

눈을 감고 의자에 앉아 귀지를 파면서 멍하니 있는 시간도 좋아합니다. 귀이개의 바스락 바스락 소리를 듣고 있다 보면 아무 생각도 없어집니다.

아무리 노력해도 자꾸 이 생각 저 생각이 들 때는 의식적으로 즐거운 일과 가장 좋아하는 일을 생각해보세요. 제 경우엔 아무 생각 없이 있을 때와 마찬가지로 릴렉스됩니다.

50

뭔가 답답할 땐 청소를 한다

선사의 수행승들은 하루에 최소한 3번, 마루와 복도를 물걸레질 합니다. 선에는 '첫째가 청소, 둘째가 신심'이라는 말이 있습니다. 제일 먼저 해야만 하는 것은 청소로 신심은 청소를 끝낸 다음이라고 할 정도로 청소를 중요하게 생각한다는 것입니다. 이쯤되면 청소를 '움직이는 좌선'이라고 부르는 것도 납득이 됩니다.

시작하기 전에는 귀찮다는 생각이 들 때도 있지만 일단 청소를 시작하고 몸을 움직이다보면 마음을 덮었던 답답한 안개같은 것이 사라지면서 맑아지는 것을 느낄 수 있습니다.

청소는 '현재'에 집중하는 행위이기 때문입니다. 선(善)에서는 우리들이 하는 고민의 대부분은 '현재'가 아닌 '과거'나 '미래'에 있다고 합니다. 과거나 미래에 대한 집착은 청소를 하면 쉽게 없앨 수 있다, 저는 그렇게 이해하고 있습니다.

앞에서 쓴 것처럼 우리 집 청소법은 5분 이내로 끝내는 간단 청소. 그것을 하루에 몇 번 정도 틈날 때마다 완료하는 것이 제 스타일의 청소법입니다. 예를 들면 아침에 아이들이 학교에 가고나면 거실과 주방을 청소기로 싹싹 밀어줍니다. 5분이지만 청소기를 다 돌린 후에는 기분이 개운해집니다.

세면대는 아침 세안을 하고나서 매직블럭으로 한번 문질러줍니다. 이것은 1분도 걸리지 않습니다. 변기는 사용한 김에 변기솔로 가볍게 문질러줍니다. 저녁 시간대에 하는 일이 많지만 이것도 시간으로 치면 고작 2분 정도. '틈날 때 청소' 덕분에 답답한 마음이 맑게 개이고 부지런히 스트레스를 해소할 수 있게 되었습니다. 예를 들자면 마음의 답답함을 빨아들일 공기청정기가 늘 작동되고 있는 느낌이라고 할까요? 이 쾌적한 마음 상태를 한번 맛보고 나면 틈날 때 청소하는 것이 버릇이 됩니다.

51

소리내어 웃는다

옛날부터 '스님은 건강하게 오래 산다'고 했습니다. 108세로 대왕생한 에이헤이사(永平寺)의 미야자키 선사, 기요미즈사(清水寺)의 오니시 큰스님도 108세까지 천수를 누리셨지요.

저희 할아버지도 95세까지 건강하셨고 돌아가시기 직전까지 웃는 얼굴로 '고맙다'고 합장하시며 감사의 말을 남기셨어요. 스님이 늘 평온하고 건강한 이유는 여러 가지 있겠지만 그 중 하나는 매일 '소리 내는' 습관 덕분이라는 말이 있습니다.

할아버지도 아버지도 아침에 일어나자마자 본당으로 가서 큰소리로 불경을 외우셨어요. 등줄기를 꼿꼿하게 세우고 큰 소리로 30분. 눈 앞에서 독경에 열중하고 계시는 두 분을 보다가 불경을 읽을 때는 재빨리 숨을 쉬고, 큰소리와 함께 긴 숨을 토해내고 있다는 것을 눈치챘습니다.

독경을 하다보면 자연스럽게 '복식 호흡'이 된다는 것이지요. 선의 가르침에 의하면 독경과 좌선의 복식호흡을 통해 자율신경이 조절되어 피의 흐름이 좋아진다고 합니다. 또 배에서 소리를 끌어올리면 마음이 개운해지므로 아침 독경으로 하루를 기분 좋게 시작할 수 있는 것입니다. 소리를 내는 것이 꼭 불경일 필요는 없습니다. 노래를 부르거나 즐겁게 수다를 떠는 것도 같은 효과가 있습니다.

저 경우엔 아이들과 이야기를 나눌 때, 가장 나답게 있을 수 있고 마음이 놀랄 만큼 개운해지는 것을 느낍니다. 그냥 대화만 나누는 것이 아니라 아이들에게 이끌려 아무 것도 아닌 이야기에 배꼽을 잡고 웃기 때문일까요? 아이들은 하루 평균 400번 웃는다고 들었는데 어른이 웃는 횟수는 고작 15번이라고 해요. 어른도 옛날에는 아이였으니까 이것저것 웃을 수 있는 아이디어를 내다보면 분명 웃는 횟수를 늘릴 수 있을 거예요.
　'즐거운 대화'+'웃음'은 가장 즐겁고 언제 어디서든 실천할 수 있는 건강법일지도 모릅니다.

언제나 긍정적으로 즐겁게 사는 아이디어

아베 하쿠류 선사(야마가타현 거주)

PROFILE

조동종 사찰의 주지. 고등학교 교사로 근무하는 한편, 부주지로 수행하다가 정년퇴임한 후 주지가 되었다. 조동종 보호사 연합회 회원으로서 갱생보호활동에도 몰두하고 있다. 취미는 중국어와 영어 공부. 아시아여행. 어릴 적 꿈은 천문학자. 밤이 되면 경내에서 망원경으로 별을 관찰하는 로맨티시스트.

저는 야마가타현의 작은 농촌에 있는 절에서 자랐습니다. 그 절은 대대로 이어진 조동종 사찰로 지금은 73세인 아버지가 주지(여기서 소개하는 아베하쿠류 선사), 오빠가 부주지로 수행하고 있습니다.

아버지의 아침은 본당에서 독경으로 시작됩니다. 더운 여름도 눈이 내리는 겨울에도 빠뜨리지 않고 계속되는 아침 일과. 뱃속에서부터 소리를 끌어내 불경을 읽으면 마음이 가벼워져서 개운한 기분이 된다고 아버지는 말씀하십니다. 불경은 말하자면 '명상'과 같은 효과가 있어 현재에 집중할 수 있다고도 하셨어요.

독경을 마치면 빗자루를 들고 천천히 경내를 청소합니다. 경내에는 삼나무, 소나무, 능소화와 같은 많은 식물이 자라고 있습니다. 이런 자연을 즐기면서 깨끗하게 쓸어나갑니다.

자그마한 본당은 늘 깔끔하게 정리되어 있고 몇 가지 불구와 직접 접은 천마리학으로 정성스럽게 장식되어 있습니다. 제가 어릴 때는 본당에서 형제들과 자주 놀곤 했는데 어린 마음에도 본당에 있으면 등줄기가 반듯하게 펴지는 것처럼 느껴졌어요. 본당 바로 옆에 있는 우리집 거실과는 완전히 다른 공기가 흐르고 있는 것 같았습니다.

52
몸을 움직이면 모든 흐름이 원활해진다

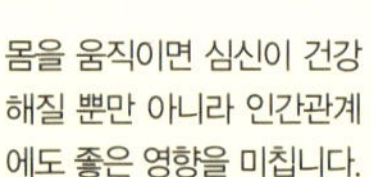
늘 일과처럼 걷기를 합니다.
운동복을 입고 빠른 걸음으로.

몸을 움직이면 심신이 건강
해질 뿐만 아니라 인간관계
에도 좋은 영향을 미칩니다.

아버지는 매년 여름이면 지역에 사는 아이들을 모아 아침 일찍부터 좌선회를 엽니다.

처음에는 왁자지껄 떠들며 덤벙거리던 아이들도 본당으로 들어가는 순간 조용해집니다. 좌선을 마친 후에는 개운하고 상쾌한 표정으로 절을 나서는 모습이 언제나 인상적입니다.

아버지는 '승려'지만 일반적인 스님의 이미지와는 조금 다를지도 모릅니다. '승려'라고 하면 엄격하고 검소한 이미지가 있지만 아버지는 무척 자유롭고 재미있는 스님입니다.

53
두근거리는 마음을 놓치지 않는다

두근두근하는 마음에는 그 사람에게 있어서 중요한 의미가 숨겨져 있습니다. 평소부터 두근두근한 마음에 민감해질 것.

손목에 차고 있는 애플워치. 흥미를 느낀 것은 계속 시도해봅니다.

지난번, 요코하마시 쯔루미구에 있는 조동종의 본산인 소지사(総持寺)의 법요에 참석차 아버지가 오셨습니다. 법요가 끝나고 저희 집에 들르셨는데 승복과 짚신 차림으로 손자들과 같이 낚시를 즐기셨어요. 전철에서는 애플워치로 저에게 문자를 보내십니다. 왕성한 호기심으로 영어와 중국어 원어민과 오전 중에 25분간 외국어 공부를 하신답니다. 그것도 스카이프를 이용해서 매일 빼놓지 않고 말이지요.

그리고 어학실력을 시험해보려고 1년에 3번은 중국으로 여행을 떠나십니다. 배낭 하나를 등에 지고. 아버지는 "매일매일 너무 즐거워서 견딜 수가 없다."고 하십니다.

54
싫은 일은 1분 이상 생각하지 않는다

화, 불안, 걱정처럼 부정인 것은 1분 이상 생각하지 않겠다고 정하세요. 타이머를 세팅해두어도 좋아요. 이것이 습관이 되면 누구나 자유롭게 생각을 전환할 수 있습니다.

승려로 수행하면서 자신이 정말 좋아하는 일을 하시는 아버지. 젊을 때보다 지금이 훨씬 더 즐겁다는 아버지. 70세가 넘어서도 두근두근하는 마음을 소중히 여기며 매일을 생생하게 즐기는 우리 아버지. 저도 이렇게 나이 들고 싶다고 생각했습니다.

55
버려야 채워진다

도겐선사의 '가진 것을 내려놓아야 소중한 것을 얻을 수 있다'는 말이 마음에 와 닿습니다. '좋은 것을 담으려면 먼저 그릇을 비워야 한다' 는 말씀이겠지요. 용기를 가지고 불필요한 물건과 생각을 버리면 분명히 더 좋은 것이 날아들 것입니다.

매일 아침 일과인 경내청소. 맑은 날엔 청소를 마치고 밖에서 라디오 체조를 합니다. 이른 아침부터 활기차게 활동 하시는 아버지의 모습에 저도 자극을 받습니다.

때로는 느슨함이
필요하다

나는 무엇을 위해서 살림을 정돈하는 것일까? 문득 그런 생각이 들었습니다. 그것은 저와 가족 모두 기분 좋게 매일을 생활하기 위해서입니다. 작은 일에 행복을 느끼며 웃는 얼굴로 지낼 수 있다면 다른 아무것도 필요하지 않다고 생각합니다.

제 여동생의 이야기입니다. 얼마 전, 아이들과 함께 목욕을 하면서 초등학교 3학년인 큰딸에게 조용히 털어놓았다고 합니다.

"엄마 말이야, 다음 주에 관리영양사 자격시험을 볼 거야. 사실은 열심히 공부해서 두 번이나 시험을 봤는데 글쎄 다 떨어졌어. 이번 시험도 또 안 될지도 몰라."라고.

그러자 아이가 갑자기 큰소리로 웃기 시작했대요.

"아하하! 엄마가 시험에서 떨어졌다고? 아하하하!"

설마 딸이 그렇게 크게 웃을 줄은 상상도 못했던 여동생은 맥이 탁 풀렸대요.

그런데 큰딸이 이렇게 말했다고 합니다.

"그래도 다시 또 보면 되잖아요."

그래, 떨어지면 또 도전하면 되지. 언젠가는 꼭 합격할거야.

딸이 그렇게 웃어넘겨준 덕분에 동생의 어깨를 짓누르던 부담이 확 줄어들었대요.

이 이야기를 듣고 저도 작은 일로 마음에 응어리가 생길 땐 그런 자신을 웃어넘겨야겠다고 생각했어요.

매일매일의 생활을 꾸려나가려면 때로는 '느슨함'도 필요합니다. '이렇게 하지 않으면 안 돼.', '당연히 이래야지.'라는 틀을 버리고 자연의 흐름에 느긋하게 몸을 맡겨보세요. 그러면 사물의 다른 측면이 보이고 새로운 기분으로 다시 걸어 나갈 수 있으리라 생각합니다.

마지막으로 전작에 이어서 이번에도 멋진 책을 완성해준 편집의 야기 씨(회의 시간이 늘 길어졌어요). 문장과 사진이 매력적으로 보이도록 마법을 걸어준 디자이너 시바 씨(다음 번엔 마법 거는 법을 알려주세요!) 여기에 다 적을 수 없을 만큼 많은 분들의 도움을 받아 이 책을 만들었습니다. 이 자리를 빌어서 깊은 감사의 마음을 전하고 싶습니다.

미쉘

  미쉘 michelle

1978년, 일본 야마가타현에서 태어났다. 간사이 외국어대학교에서 영미어 학사학위를 취득한 후, 국제결혼을 했다. 현재 미국인 남편, 세명의 아이와 요코하마에서 살고 있다. 지금까지 하와이, 가나가와현, 캘리포니아 등 여러 곳에서 살았다. 지금은 세 아이를 키우며 잡지에 칼럼을 쓰고 있다. 미니멀한 일상을 담은 블로그와 인스타그램이 많은 사랑을 받고 있으며 지은 책으로 《오늘부터 미니멀라이프》, 《매일이 더욱 행복해지는 아침형 생활을 시작했다》가 있다.

일상이 심플해지고
마음이 가벼워지는
미니멀라이프 아이디어 55

1판 1쇄 발행 2017년 1월 16일
1판 4쇄 발행 2020년 3월 15일

지은이 미쉘
펴낸이 정원정, 김자영
편집 홍현숙
디자인 나이스에이지(강상희)
마케팅 소요프로젝트

펴낸곳 즐거운상상
주소 서울시 중구 충무로 13 엘크루메트로시티 1811호
전화 02-706-9452
팩스 02-706-9458
전자우편 happydreampub@naver.com
페이스북 @happydreampub
포스트 post.naver.com/happydreampub
출판등록 2001년 5월 7일
인쇄 천일문화사

ISBN 979-11-5536-054-5(13590)

*이 책의 모든 글과 그림, 디자인을 무단으로 복사, 복제, 전재하는 것은 저작권법에 위배됩니다.
*잘못 만들어진 책은 서점에서 교환하여 드립니다.
*책값은 뒤표지에 있습니다.
*전자책으로 출간되었습니다.